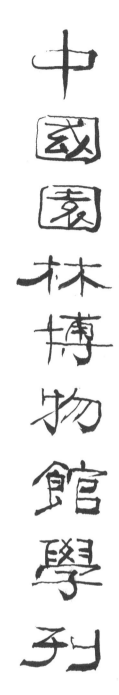

中國園林博物館學刊

U0283721

Journal of the Museum of
Chinese Gardens and
Landscape Architecture

中国园林博物馆 主编

11

中国建材工业出版社
北　京

《中国园林博物馆学刊》
编辑委员会

名誉主编　孟兆祯

主　　编　杨秀娟

副 主 编　白　旭　谷　媛　刘明星　尹连喜

顾问编委（按姓氏笔画排序）

　　　　　　王其钧　白日新　李　蕾　张如兰　张树林

　　　　　　陈蓁蓁　耿刘同　曹南燕　崔学谙

编　　委　白　旭　谷　媛　刘明星　尹连喜　陶　涛

　　　　　　陈进勇　牛建忠　张宝鑫　李跃超　常福银

封面题字　孟兆祯

封底治印　王　跃

主办单位　中国园林博物馆

编辑单位　《中国园林博物馆学刊》编辑部

编辑部主任　张宝鑫

编　　辑　冯玉兰　庞森尔　孟槿涵　吴泽灿　苗莞琪

地　　址　北京市丰台区射击场路 15 号

投稿邮箱　ylbwgxk@126.com

联系电话　010-63915061

卷首语

2023 年 11 月 25 日，由中国风景园林学会和中国园林博物馆联合主办的"第二届中国园林文化论坛暨园林博物馆发展研讨会"在中国园林博物馆成功举办。

2023 年恰逢中国园林博物馆开馆十周年，中国园林博物馆作为中国第一座以园林为主题的国家级博物馆，旨在展示中国园林悠久的历史、灿烂的文化、辉煌的成就和多元的功能。中国园林博物馆的建设为中国园林文化的传承和发展提供了良好的收藏、展示、研究和交流的平台。

本次研讨会以"园林文化 美好生活"为主题，围绕园林历史文化、园林审美特质、园林人居文化、园林文化交流，以及现代美好人居环境的营造等内容进行分享与探讨，旨在推动中国园林文化研究和传承应用，促进园林文化的创造性转化和创新性发展，探讨园林文化有效传播和服务公众美好生活的新路径、新方法，为风景园林领域专家学者和从业者提供学术交流平台，推动中国风景园林事业高质量发展。此次论坛受到业内的广泛关注，得到了众多关注园林文化和致力于中国园林高质量发展的业界人士的大力支持，征集到的稿件经专家评审集选优秀稿件于该册，以期为广大读者展现中国园林文化研究前沿，探讨当代社会园林博物馆的发展之路。

中国园林作为宝贵的文化遗产，承载着深厚的历史与文化内涵。我们共同的使命是推动这一领域的进步，让中国园林的美丽与智慧得以传承，并焕发出新的生机。

主办单位中国风景园林学会，以组织和团结风景园林工作者，继承发扬祖国优秀的风景园林传统，吸收世界先进风景园林科学技术，发展风景园林事业，建立并不断完善具有中国特色的风景园林学科体系，提高风景园林行业的科学技术、文化和艺术水平，保护自然和人文遗产资源，建设生态健全、景观优美的人居环境，促进生态文明和人类社会可持续发展为宗旨。

《中国园林博物馆学刊》是中国园林博物馆主编的学术出版物，出版目的是搭建风景园林与博物馆行业的学术交流平台，主要刊登园林与博物馆理论研究、园林历史、园林技艺、园林文化、藏品研究、展览陈列和科普教育等方面的学术论文、研究报告、简报、专题综述等内容，作为此次论坛的学术出版物，自发行以来，得到了业内外的广泛关注和支持。在此，我们衷心感谢各位同仁对本书的大力关注与扶持，您的参与和智慧，为我们的成长与繁荣注入了源源不断的活力。

让我们汇聚智慧，共襄盛举，为中国园林的持续繁荣开辟广阔的道路。通过我们共同的努力，定能让中国园林保持持久的生命力，不断创造新的辉煌，期待在未来的旅程中，与您携手共创更多美好的篇章！

《中国园林博物馆学刊》编辑部

目 录

文人造园的理想与实践
——以两座清代常熟园林为例

The Ideal and Practice of Scholar Gardening
——Taking Two Qing Dynasty Changshu Gardens as Examples

陶元骏

Tao Yuanjun

摘　要： 明清时期，江南文人营造园林蔚然成风，成就斐然。江南名城常熟园林众多，这些园林多借景虞山，颇具地方特色。本文以常熟沈石友小园、赵烈文静圃为例，结合存世的园林绘画、文献记载等材料，探索清代文人造园的理念和实践，以期还原中国园林发展史的一些重要片段。

关键词： 园林史；江南；沈石友；赵烈文；静圃

Abstract: During the Ming and Qing dynasties, it was a common practice for literati in Jiangnan to build gardens and achieve remarkable results. There are numerous gardens in the famous city of Changshu in Jiangnan, which often borrow the scenery of Yushan and have local characteristics. This article takes Shen Shiyou's Garden and Zhao Liewen's Jing Garden in Changshu as examples, and combines surviving garden paintings, literature records, and other materials to explore the concept of Qing Dynasty literati gardening, the meticulous planning of garden owners for gardening, and various practical helplessness, in order to restore some important fragments of the development history of Chinese gardens.

Key words: garden history ; Jiangnan ; Shen Shiyou ; Zhao Liewen; Jing Garden

"吴下琴川古有名，放歌落日偶经行。"[1] 江南小城常熟的自然环境得天独厚，七溪流水穿城而过，十里虞山半入城郭；让国南来的仲雍、道启东南的言子等先贤为这座城市注入了强大的人文基因，使其成为弦歌不绝的诗书之城。南朝梁代，昭明太子曾在虞山东麓读书选文，编成《文选》，其读书台遗迹至今可探寻登临。随着宋室南渡，北方移民不断涌入，带动了常熟等江南城市进一步繁荣发展，文人阶层建造私家园林成为风尚。宋宗室、平江府都监赵不泘虽生长于王侯富贵之家，却乐于闲散生活，不愿留居京城临安繁华之地，而选择隐于山林，寄情山水，"乃择常熟县开元乡，筑室以处焉。

门枕流水面青山，后环清池列乔木，佳花、修竹散植前后。嘉时暇日，与里中好事者以诗酒相为乐。"[2]

元代时，邑人曹善诚在福山营建洗梧园，从福山陆庄一直到虞山北麓的小山一带，跨白龙港，园中亭台楼阁、卉木竹石，延袤数十里。园中种植梧桐数百株，每有客人来访，呼童子清洗之。洗梧园成为江南文人的雅集佳处，盛极一时，名士杨维桢、倪瓒、顾瑛、郯韶等人是曹氏的座上宾[3]。明代姚宗仪《常熟氏族志》记载了一则倪瓒来洗梧园观荷花的趣闻："福山曹氏在胜国时富甲江南，招云林倪瓒看楼前荷花。倪至登楼，骇瞩空庭，惟楼旁佳树与真珠帘掩映耳。倪饭别馆，复登楼，则俯瞰方池可半亩，芙蕖千柄，鸳鸯、鹨鹕、萍藻、沦漪即成胜赏，倪大惊。盖曹预莳盆荷数百，移空庭，庭胜四五尺，以小渠通别池。花满，方决水灌之；水满，复入珍禽、野草，宛天然。"[4]

明代的江南经济发达、文化昌盛，在此背景下，常熟园林如雨后春笋般渐次出现。常熟历年出土的明代墓志的志文中屡见地方文人兴建园林别业的珍贵信息，兹举两例，以管窥造园之盛：明正统九年（1444 年）《故周处士（璇）圹志铭》①载志主"晚年惟爱恬静，家事一无所累，辟一室于居之东偏，花木环植，豆觞罗列，日优游于其中。亲友过从，则举酒具看，真率尽欢而止，故因号曰'清隐'"。明成化二十二年（1486 年）《明故义官劲斋陈公（穗）墓志铭》②亦载："以祖居授于兄之子，自营别墅，杂种花卉，广蓄书画，以为娱亲、游息之所。"

清代是江南园林建设的高峰时期，下文以常熟沈石友小园、赵烈文静圃为例，结合存世的园林绘画、文献记载等材料，探索清代文人造园的理念、造园理想与现实的矛盾，以期还原中国园林发展史的一些重要片段。

1　沈石友小园造园意匠分析

晚清诗人、藏砚家沈石友居常熟城西，其宅园背依虞山，虽然占地不大，却十分清秀别致。沈氏辞世后，经历岁月沧桑，小园后沦为民居杂院，格局面貌变化很大，常熟博物馆藏清光绪年间的《玉茗书屋图》（图 1）能够反映出该园的基本情况。

沈氏书斋得名"玉茗书屋"，是源自书斋前植有一株数百年的玉茗古树。所谓玉茗，乃白山茶花的别称，此花历来深受文人的珍视和喜爱。北宋黄庭坚《白山茶赋并序》言："此木仅产于临川（今江西抚州）麻源第三谷，别有神韵，树四季常青，花高洁皓白，黄心绿蕊，有异香。"明代剧作家汤显祖是临川人，所居书斋名曰"玉茗堂"，其所著四种传奇剧本《邯郸记》《还魂记》《南柯记》《紫钗记》合称"玉茗堂四梦"。南宋陆游诗《眉州郡燕大醉中间道驰出城宿石佛院》有"钗头玉茗妙天下，琼花一树真虚名"，诗人自注："座上见白山茶，格韵高绝。"

玉茗古树形态挺拔优美，花开绚烂，亦是沈氏小园最重要的标志性景观。园林专家陈从周指出："拙政园的枫杨、网师园的古柏，都是一园之胜，左右大局，如果这些饶有画意的古木去了，一园景色顿减。树木品种又多有特色，如苏州留园原多白皮松，怡园多松、梅，

图 1　清　程廉《玉茗书屋图》，纸本设色，纵 102 厘米、横 47.5 厘米，常熟博物馆藏

沧浪亭满种箸竹，各具风貌。"[5]古树是时间的艺术，经过岁月光华的洗礼和打磨，树木呈现出独特的姿态和韵味，承载着古意与画意，成为园中装点空间、体现时序变化的主角，并赋予园林以特殊的生命活力。晚明文

---

① 该墓志 1996 年 3 月常熟虞山北麓舜过井畔出土，常熟博物馆藏，志文详见中国文物研究所、常熟博物馆编《新中国出土墓志·江苏［壹］常熟》下册，文物出版社，2006 年，第 58 ~ 59 页。

② 该墓志 1957 年 11 月在常熟县虞山镇北门大街西侧人民体育场出土，常熟市碑刻博物馆藏，志文详见中国文物研究所、常熟博物馆编《新中国出土墓志·江苏［壹］常熟》下册，文物出版社，2006 年，第 110 页。

人文震亨在《长物志》的“花木卷”中言道：“第繁花杂木，宜以亩计。乃若庭除槛畔，必以虬枝古干，异种奇名，枝叶扶疏，位置疏密。或水边石际，横偃斜披；或一望成林；或孤枝独秀。”[6]

清光绪二十一年（1895年），沈氏小园中的玉茗盛开，一时称盛，画家程廉来访，并为沈氏作有《玉茗书屋图》。该图采用山水画平远的构图，玉茗书屋位于画面中心，黑瓦明窗，绿帘轻启，檐下围栏边有一人端坐，阶前青草依依。书屋西侧为长廊，屋前庭院环境清幽，玉茗古树挺拔繁茂，花开满树。庭院东侧竖立一座高大的太湖石假山，假山上长着矮草和青苔，假山旁的石桌上摆放着灵芝、菖蒲盆景清供，两位文士倚着石桌，仰首赏花，交谈甚欢。书屋后一派“湛湛湘水绿，夹岸丛篁多”的江南水景，岸边竹林掩映，两峰假山耸立突出。画面远景虞山峰峦连绵如画屏，山巅绘有一座二层楼阁，乃虞山名胜、标志性建筑“辛峰亭”（南宋时称“极目亭”）。

此图作者为程廉，但无署款，仅钤“程廉”“伯隅”两印，沈石友撰写记文，由其好友张云锦（字嗣初）题于画面上方：“予家玉茗数百年，花时熳烂，历百有余日，千葩万蕊，落而更吐。每恨庭宇稍隘，无奇石佐之。欲展地数弓，先人旧庐不忍更毁，又乏营造之资，辄悒悒不快。乙未仲春，玉茗盛开，伯隅程翁过访，对花小饮，为绘图如予意，拊掌叫绝。后之人或如斯图布置，未可知也。石友沈瑾记，嗣初书。”记文内容表明，沈氏认为小园存在空间布局上的缺陷，由于庭院空间狭小，无法构筑起形态多姿的奇石假山以丰富园林的空间层次，然而又面临种种现实的困难和无奈，以致园主沈石友心情烦闷。如果想要向外拓地扩建庭院，则势必要拆除原有的房屋，但是屋舍是先辈留下的产业，出于对祖先的敬畏之心，沈石友不忍心加以破坏性的建设。而且营造园林所需的资金不菲，沈氏在财力上也无法承担。程廉画作中的园林景象只是部分写实，画家根据园主（亦是受画人）沈石友的要求对园林布局做了特别的处理，将主人因现实因素（不忍毁坏先人旧庐，又缺乏营造的资金）而无力营造的奇石假山，于书斋前的庭园中特别“布置”出来，又在书斋之后设置水岸、修竹和假山，从而以绘画虚拟现实的形式实现了沈氏造园的理想。沈氏对此图很是满意，不禁拊掌叫绝，甚至怀有美好的愿望，希望后人能按照《玉茗书屋图》的布局方案将其造园理想变为现实。

二十二年后的丁巳年（1917年）春天，玉茗再次盛开，但是友人张云锦、程廉已逝去，沈石友独自看花，感叹来日无多，内心惆怅寂寥，故而在此画轴裱边上题诗三首：

程翁去访三珠树，张子久为千古人。今日花前独看画，可怜花亦少精神。

烂漫依然玉茗开，更无人约看花来。春风寂寂闲庭院，谁共茅堂酒一杯。

眼昏沧海见扬尘，白发萧疏老病身。六十年来如一梦，不知再赏几回春。

2　赵烈文静圃造园意匠分析

与沈石友建造园林的有心无力，无奈之下仅能通过“命题”作图的方式来实现造园理想的矛盾心理相对照，曾国藩的重要幕僚、阳湖（今江苏常州）人赵烈文则是一位江南文人造园的实践者，他花费二十余年时间，在常熟城中的西南一隅构筑起著名的“静圃”。此园历经沧桑，园林布局大体保留，2003年经修复后对公众开放。

太平天国运动被镇压后，清同治四年（1865年）七八月间，赵烈文乘舟走访扬州、常州、苏州、常熟多地，相看宅园数十处之多，综合考量价格、风水、景观、改建费用等因素后，认为常熟城外的西庄空地和城南九万圩吴氏芷园旧址两处较为满意，而吴园“其地临水，西山翼然如张翅，向之全城无此胜境”，但是园景已废，“见荒土一片，南一大池”[7]。赵烈文最终与吴家商定出价一百两银子购入此地，对吴园加以简单修筑，建造主楼五楹，下层用于居住，上层安置藏书，另建平房四楹，作为祭祀、会客的场所，另拟建平屋四楹提供给四姐居住。完成初步的修建后，赵烈文于当年十一月举家乘舟迁往常熟居住。

因赵烈文号能静居士，园池得名“静溪”，园子称作“静圃”。历经光绪元年（1875年）、光绪四年（1878年）、光绪六年（1880年）三次改建及翻新，东北住宅区域楼阁廊亭有序增加，形成以静溪为中心，“一洲、一堤、二岛”园林区域的丰富景观[8]（图2）。光绪四年（1878）二月①，吴大澂雇舟船与徐子晋②一同游览虞山、尚湖，拜访常熟友人杨沂孙、曾观文，在常熟盘桓十日之久。恰逢赵烈文新修筑的“静圃”落成，赵氏盛情邀请吴大澂等人游园、宴饮，尽欢数日。吴大澂归家后，绘《静溪图》以酬谢园主，

① 吴大澂《静溪图》题款中的年月可能为误记，查吴大澂年谱、赵烈文日记均无光绪四年吴氏访常熟的记录，吴大澂游虞山应在光绪三年（1877年）三月。吴大澂《愙斋自订年谱》：“光绪丁丑（即光绪三年）三月游虞山，访杨咏春先生沂孙，纵谈古籀文之学。先生劝余专学大篆，可一振汉唐以后篆学萎靡之习。”赵烈文《能静居日记》光绪三年三月十六日记：“早发齐门，午刻抵家，……吴清卿（大澂）、陆云生、涑文、赵作人来访，观余藏金石，良久去。”

② 徐康（1814—1888），字子晋，号窳叟、玉蟾馆主，长洲（今江苏苏州）人。诸生，博雅嗜古，精于鉴赏，擅书法。著有《前尘梦影录》《石室秘藏诗》《窳叟墨录》等。

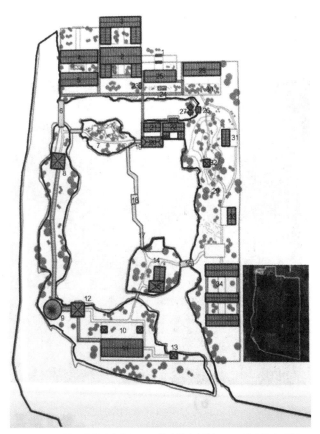

1—大门；2—原天放楼（中楼）；3—静安楼（北楼）；4—黛语楼（西楼）；5—延台；6—柳风桥；7—百衲堆；8—桥亭；9—珠渊亭（西亭）；10—南洲；11—新天放楼（南楼）；12—学薛通津；13—欧边吟榭；14—静渚；15—大愿船（南亭）；16—带烟桥；17—玉虹桥；18—通波台；19—弓腰桥；20—雪亭（北亭）；21—原见微书屋；22—远心堂；23—喜林门；24—乐林门；25—青林堂；26—新见微书屋；27—双亭；28—东楼；29—东皋；30—梅园；31—香风有邻室；32—东亭；33—仓厅；34—周氏住宅

图2　光绪六年（1880 年）至光绪十二年（1886 年）静圃宅园格局示意图，引自李晓、阴帅可：《从能静居日记 看赵烈文的营园实践及宅居园趣》（《建筑史学刊》2022 年第 1 期）

为后世留下来晚清江南园林的图像资料（图 3）。此图采用平远法构图，画面中心大片水面即为静溪，远景青青虞山横卧，形如画屏，东南山巅绘有极具辨识度的景观"辛峰亭"。园子以水景取胜，景点皆环静溪而构，亭台楼阁、假山花木参差错落。静溪以北主要是居住区，供生活起居、藏书读书之用，主要建筑有黛语楼、天放楼、见微书屋、远心堂等，登楼推窗北眺虞山如黛，转向南面则可俯瞰园景，静溪波平如镜，倒映虞山及园中四周景物。环绕静溪遍植垂柳，俯仰生姿，溪中种植荷花。盛夏时节，园主临水观荷消夏，可赏"红莲千挺，敷荣向人" [9] 1970。在荷香柳色中，隔水听曲自有一番妙趣，赵

烈文日记有载："晡食毕，命歌者至南亭度曲，坐北亭隔水听之，音节嘹亮，觉荷香柳色益增芳丽。" [9] 1971

天放楼前小渚上堆叠假山一座，名曰"百衲堆"，在构筑意匠方面十分别致，于光绪四年（1878 年）八月初四告成，"用工九十有八。自池底至峰巅崇二丈，名其中峰曰'忘忧之台'，树以萱草。东小峰临钓矶，名曰'操牸碣'。西峰如屏，下为平台，瞰池前后二柱，名曰'招隐窝'。环植林檎一、柏四、桂二、蜡梅一、红白槿花一、柽柳三、十大功劳一。" [9] 1886 静溪中部架设石板平桥，连通南北两岸，称作"渐波阁道"，桥面一侧围有朱漆栏杆。静溪以南建有南亭、假山、带烟桥等，溪东北有丛竹猗猗、梅林丛丛（图 4、图 5）。赵烈文还别出心裁，在南亭内设置大玻璃镜以映照静溪、虞山，构成了实景的"画屏"，丰富了园景的层次，令游园者产生亦真亦幻之感。① [9] 1956

在园子西北侧、紧靠住宅区域建有单孔石拱桥名"柳风"，为静溪水口所在，与园外的九万圩相通，也是乘坐小舟出入宅园的通道，距离常熟阜成门（西门）水关甚近。经由此等精心的设计，静圃主人一家乘舟出行极为便利。园林无论多么精巧，也只能是城市中的咫尺方寸之地，天天观赏也会觉得乏味，于是园主出游访友成为一种常态，沿途于舟中观景亦是乐事。如果再有江南蒙蒙细雨的加入，则更富诗情画意。赵烈文常去苏州、常州等地游玩，于光绪三年（1877 年）十月初四日记："午刻偕南阳君（即赵妻邓嘉祥）成行，……由园池棹小舟，至西关下登大舟即发，雨中山色冥蒙，云气瀚郁，秋林红叶，若美人新沐，嫣润天成。凭舷清话，不啻拔宅飞升，初登云路也。" [10]

一叶扁舟，不仅仅是普通的交通工具，也是文化艺术的重要载体。学者傅申指出："自绘画中心南移之后，书画家的交通以水路为主。而船的容积够大，能容纳书桌，也够稳定。中国地域广大，在船上往往经旬，于是塑造出'书画船'的特殊传统，最早始于宋代米芾。" [11] 米芾的一些书札落款清楚地标明"写于舟中烛下"，其好友黄庭坚曾作诗《戏赠米元章》："万里风帆水着天，麝煤鼠尾过年年。沧江静夜虹贯月，定是米家书画船。"明清时期，"书画船"之风在文人中更加普遍，成为一种独特的文化现象。著名的《秋兴八景图》册（上海博物馆藏）为董其昌 66 岁时泛舟吴门、镇江时所作，绘秋景山水八开，落款有"庚申中秋吴门舟中画""庚申八月廿五日舟行瓜步大江中写此""庚申九月京口舟中写"等，其中一开款题"庚申八月，舟行瓜步江中，乘风晏坐，有偶然欲书之意"，从中尤可窥见"书画船"的平稳轻便，以及文人晏坐其中的舒适惬意（图 6）。赵烈文喜好收藏

_____

① 光绪六年（1880 年）正月二十六日《能静居日记》："建大镜于南亭，为溪山写照。"

图 3　清　吴大澂《静溪图》横披，纸本设色，纵 34.5 厘米、横 70 厘米，常熟博物馆藏

图 4　赵氏静圃，摄于 20 世纪 30 年代

图 5　静圃今貌

图 6　明　董其昌《秋兴八景图》册（局部），纸本设色，纵 53.8 厘米、横 31.7 厘米，上海博物馆藏

古籍和金石碑帖，他在旅途舟中读书赏帖、写字作文是常事，因此赵氏所乘之舟也可以归入广义上的"书画船"范畴。

园林"虽由人作，宛自天开"[12]"巧于因、借，精在体、宜"[13]，此为明末造园家计成在其著作《园冶》中提出的精辟论断。园林是隐在城市中的山林自然，虽然出自人为设计修造，呈现之景却宛如天然造化生成的一般。其巧妙之处在于利用园址的条件加以改造加工，并善"借"园外之景来丰富空间层次，造园时能够依照原材料的状况而精心利用，达到形体适度、大小得宜。

揆以事实，常熟造园归属于江南园林的体系，虽然在地理空间上与苏州府城毗邻，但又因自身的环境特殊而具有某些地方特色，诚如园林专家陈从周先生所持论："常熟园林与苏州同一体系，因两县的自然条件与经济文化条件相似，其设计方法自然相近了。但在实际应用时，原则虽同，又因当地的地形与环境有其特殊性而有所出入。常熟为倚山之城，其西部占虞山的东麓，因此城内造园均考虑到对这一自然景色的运用。其运用可分为两种：第一种如赵园、虚廓园等，园内水面较广，衬以平冈小阜，其后虞山若屏，俯仰皆得，其周围筑廊，间以漏窗，园外景物，更觉空灵。第二种如燕园、壶隐园，园较小，复间有高垣，无大水可托，其'借景'之法，则别出心裁，园内布局另出新意，其法是在园内建高阁，下构重山，山巅植松柏丛竹，登阁凭阑可远眺虞山，俯身下瞰则幽壑深涧，丛篁虬枝，苍翠到眼。"[14]

古代园林随着世事变迁而兴废，而存世的园林绘画、文献记载等资料为复原园林的旧有面貌、探索清代文人造园的理念和实践提供了重要的参考，借此我们可以还原中国园林发展史的一些重要片段。

参考文献

[1] 蔡焜、包岐峰.历代名人咏常熟 [M].扬州：扬州广陵古籍刻印社，1999：32

[2] 南宋宗室平江府都监（赵不泠）墓志铭 [M].中国文物研究所，常熟博物馆.新中国出土墓志·江苏 [壹] 常熟：下册.北京：文物出版社，2006：18.

[3] 李烨.倪云林常熟友人小考 [M].常熟博物馆.常熟文博论丛：第一辑.北京：文物出版社，2023：6.

[4] [明] 姚宗仪.常熟氏族志.稿本.1573—1620（明万历）.常熟图书馆藏.

[5] 陈从周.梓翁说园 [M].北京：北京出版社，2016：2.

[6] [明] 文震亨.长物志：卷二 [M].李瑞豪，编著.北京：中华书局，2012：37.

[7] [清] 赵烈文.能静居日记：（二）[M].廖承良，标点整理.长沙：岳麓书社，2013：929.

[8] 李晓，阴帅可.从《能静居日记》看赵烈文的营园实践及宅居园趣 [J].建筑史学刊，2022（1）.

[9] [清] 赵烈文.能静居日记：（四）[M].廖承良，标点整理.长沙：岳麓书社，2013.

[10] [清] 赵烈文.能静居日记：（三）[M].廖承良，标点整理.长沙：岳麓书社，2013：1825.

[11] 傅申."书画船"：中国文人的"流动画室" [M] // 上海博物馆.南宗正脉：画坛地理学.北京：北京大学出版社，2012：157.

[12] [明] 计成.园冶：卷一园说 [M] // 陈植，注释：园冶注释.北京：中国建筑工业出版社，1988：51.

[13] [明] 计成.园冶：卷一兴造论 [M] // 陈植，注释：园冶注释.北京：中国建筑工业出版社，1988：47.

[14] 陈从周.常熟园林 [J].文物参考资料，1958（3）.

作者简介

陶元骏 /1983 年生 / 男 / 江苏常熟 / 硕士研究生 / 文博副研究馆员 / 研究方向：陈列展览、历史与文物研究 / 常熟博物馆

北宋延福宫与园林文化研究

Research on Yanfu Palace and Garden Culture in the Northern Song Dynasty

于博文

Yu Bowen

摘　要： 宋代作为中国古典园林兴盛的开端，园林文化在中国园林史中独张一军，这一时期皇家园林的发展出现了一次高潮。北宋时期皇家园林受到民间的影响，规模比起隋唐规模变小，皇家气派亦有所减弱，但规划相对精致。延福宫作为北宋皇家园林的代表，由于身处重文抑武的时代背景下，庄严肃穆的皇家园林也黏合了浓厚的文人色彩。延福宫作为北宋徽宗时期重要的皇家御苑，不仅是皇家曲宴活动的绝佳地点，还与宋代的政治、经济、文化、宗教有着密切的联系。

关键词： 宋代；延福宫；御苑；曲宴

Abstract: The gardens of the Song Dynasty were unique in the history of Chinese gardens. During this period, the development of royal gardens reached a climax. In terms of the scale of the garden and the momentum of the garden, it is far less than the style of the prosperous Tang Dynasty, but the detail of the garden scenery is much better. The content of the garden is less royal and more close to the temperament of a private garden. As an important royal garden during the Huizong period of the Northern Song Dynasty, Yanfu Palace was not only an excellent base for banquet activities, but also closely related to the politics, economy, culture, and religion of the Song Dynasty.

Key words: Song Dynasty ; Yanfu Palace ; royal garden ; banquet activities

北宋时期的社会背景催生了园林的辉煌成就，其政治、经济、文化的发展将宋代园林引向成熟。北宋经济繁荣，城市工商业亦十分兴盛，且科技进步，尤其在园林规划设计方面。加之统治者的重文轻武，崇奉道教，受当时社会文化和统治者喜好的影响，北宋皇家园林在造园思想和技艺上具有鲜明的时代特色。延福宫作为北宋徽宗时期重要的一座皇家园林，与后苑、艮岳并为三大皇家御苑。从史料来看，延福宫已足够精致，且能够代表宋徽宗时期北宋园林的特点。但目前学界对延福宫只是一笔带过，而对艮岳大书特书，对延福宫的介绍大多从新延福宫谈起，忽视了旧延福宫的情况，且多关注其内部结构等，对其社会功能、曲宴活动等方面介绍不多。本文利用充分的史料，主要从延福宫概貌、社会功能、曲宴活动等方面入手，认为旧延福宫到新延福宫的转型，在园林景象上体现出中国古典园林到了宋代转向山水宫苑的特点，在社会功能上集政治、经济、宗教、文化意义于一身，不仅标志着北宋皇家园林审美水平的整体提升，更反映了北宋时期社会与文化的特点。

1　延福宫概貌

北宋时期，延福宫经过了两次修建。旧延福宫始建于何年，文献中并无确切记载，只能从现有的史料中推测出大致年份。《玄天上帝启圣录》是一部内容完整的真武大帝灵应文献，其中对延福宫有两处描写，有确切时间记载的是卷八《洞真认厌》条载："在京上清延福宫，天禧中，有云游道士罗洞真，寄挂三年不语。"[1] 天禧（1017—1021 年），北宋第三位皇帝宋真宗赵恒使用的第四个年号。由此可推断出旧延福宫很有可能最晚于宋真宗天禧年间就已修建完毕。旧延福宫的地点在东京城大内御苑后苑的西南方向，内部结构包括穆清、灵顾、性智三大殿，还设有宜圣殿五库。宋仁宗康定元年（1040 年）九月，"合五库为一，改名奉宸。"[2] 可以看出，旧延福宫内部结构比较单一，以殿为主。

新延福宫的修建正值政和二年（1112 年）至宣和二年（1120 年）蔡京第三次做宰相时期。蔡京在崇宁至政和年间，对北宋盐法、茶法、币制、田制等进行改革，其核心特点就是加强征敛，聚财富于京师，使徽宗时期大规模的皇家工程项目有了财政上的支撑。"时承平既久，帑庾盈溢。京倡为丰亨豫大①之说"[3]，认为当时的礼乐制度与宫室规模与国家富强及徽宗君德隆盛不相称，因此需要广营宫室，重修礼乐。新延福宫遂于政和三年（1113 年）开始修建，第二年建成。新延福宫"作于大内北拱辰门外，今其地乃百司供应之所"。为了扩大延福宫的规模，宋徽宗下令将此处原有的大量商铺和官署搬迁。从皇城北到旧城（里城）北城，都成延福宫的范围。当时，蔡京召宦官童贯、杨戬、贾详、何沂、蓝从熙五人扩建延福宫，"五人分任工役，视力所致，争以侈丽高广相夸尚，各为制度，不务沿袭。及成，号'延福五位'。"[4] 401 延福宫的东墙，有门曰晨晖，西墙有门曰丽泽，而其南门就是皇宫之北门拱辰门。关于延福宫的范围，其东西墙分别与皇宫之东西墙相对应，其南北墙的长度较原皇宫南北墙的长度稍短。"其东直景龙门，西抵天波门，宫东西二横门，皆视禁门法，所谓晨晖、丽泽者也，而晨晖门出入最多。"[5] 延福宫内园林及建筑的概貌，《宋史》卷八十五言之甚详：

始南向，殿因宫名曰延福，次曰蕊珠，有亭曰碧琅轩。其东门曰晨晖，其西门曰丽泽。宫左复列二位，其殿则有穆清、咸平、会宁、睿谟、凝和、昆玉、群玉，其东阁则有蕙馥、报琼、蟠桃、春锦、叠琼、芬芳、丽玉、寒香、拂云、偃盖、翠葆、铅英、云锦、兰薰、摘金；其西阁则有繁英、雪香、披芳、铅华、琼华、文绮、绛萼、秾华、绿绮、瑶碧、清音、秋香、从玉、扶玉、绛云。会宁之北，垒石为山，山上有殿曰翠微，旁为二亭，曰云岿、曰层。凝和之次，阁曰明春，其高逾一百一十尺。阁之侧为殿二，曰玉英、曰玉涧。其背附城，筑土植杏，名杏岗，覆茅为亭，修竹万竿，引流其下。宫之右为位二，阁曰宴春，广十有二丈，舞台四列，山亭三峙。凿圆池

为海，跨海为二亭，架石梁以升山，亭曰飞华，横度之四百尺有奇，总数之二百六十有七尺。又疏泉为湖，湖中作堤以接亭，堤之中作梁以通湖，梁之上为茅亭以待憩。寒松怪石、奇花异木，斗奇而争妍；龟亭、鹤庄、鹿砦、莲濠、孔雀之栅，椒藤、杏花之圃，西抵丽泽，不类尘境。[6] 2100

由上述可以看出，延福宫整体布局主次分明，各具特点。宫内殿阁亭台连绵不绝，凿池为海，引泉为湖，珍禽奇兽、奇花异木极尽奢华。延福宫里殿台亭阁极多，所取名称也都十分优雅，富于诗意。宋徽宗曾为此写下《延福宫记》，自豪地说，延福宫"丛石为基，疏泉为湖，湖之中作堤以接亭，堤之中作梁以通湖，梁之上为茅亭以待憩。寒松怪石、奇花异木，斗奇而争妍，龟亭、鹤庄、鹿砦、莲濠、孔雀之栅，椒藤、杏花之圃，西抵丽泽，不类尘境。"[7]

"延福五位"建成后，"楼阁相望，引金水、天源河，筑土山其间，奇花怪石，岩壑幽胜，宛若生成。"[8] 金水河又名天源河，是宋朝初年（961 年）于城西开凿的一条引水渠，水质十分清澈，是北宋皇室园林景观用水与市民生活饮水的最佳选择。北宋政和年间，由于兴造延福宫、艮岳等园林，需要供给大量水源，仅靠金水河是不够的，宦官容佐请在七里河开月河，分减金水河，来灌溉宫苑中花竹，后因"内庭池筑既多，患水不给，又于西南水磨引索河一派，架以石渠绝汴，南北筑堤，导入天源河以助之。"[6] 2134 此外，宋徽宗垂意花石，"至政和中始极盛，舳舻相衔于淮、汴，号'花石纲'，置应奉局于苏，指取内帑如囊中物，每取以数十百万计。延福宫、艮岳成，奇卉异植充物其中。"[9]。宋徽宗、蔡京集团组织从江浙一带往汴京运输可供观赏的花木和石头，需要大量船只，十艘船为一"纲"，史称"花石纲"。单远慕认为起初用花石最多的是延福宫[10]。其中包括南朝陈国最有名的石头——"三品石"。《建康志》载："台城千福院前丑石四，各高丈余，云陈朝三品石。政和中，取归京师，置于延福宫。"[11]

延福宫是陆续建成的，其布局很有特点。"延福五位"及以后的"延福第六位"不仅因为负责造园者不同而命名，还与这几座园林的风格不同大有关系。此后，又跨越旧城再度扩建宫苑，称"延福第六位"。

2　延福宫的多重功能

延福宫除了具有一般园林景观的观赏功能外，更重要的是其引申出来的其他功能，而这些功能又能代表北宋晚期皇家园林的多重意义。

---

① "丰亨豫大"一词出自《周易·丰》："丰亨，王假之。"《周易·豫》："豫大有得，志大行也。"即形容太平盛世的美好景象。

2.1 经济功能

延福宫的经济功能主要体现在奉宸库。奉宸库主要收藏的是宋太祖、太宗朝时期平定南北诸国所搜罗的奇珍异宝。奉宸库的金银珠宝用途广泛，宝元二年（1039年）、庆历四年（1044年）等曾多次出奉宸库金银、珠玉，籴谷麦赈饥或助籴边储。如宋仁宗庆历四年"出奉宸库银三万两振陕西饥民"[12]134，宋神宗熙宁元年"出奉宸库珠，付河北买马"[12]67，熙宁八年，"市易司请假奉宸库象、犀、珠直二十万缗于榷场贸易"[12]2850。可见奉宸库所藏财赋数量极其庞大。奉宸库是皇家内廷重库，非一般人可以接近。朱弁《曲洧旧闻》卷一说到刘太后阐扬"祖宗垂训"的严肃态度的一件事，宋仁宗想要前往奉宸库一觑其貌，刘太后不许私开库门，下诏择日开库，"设香案而拜，具言祖宗混一四海，创业艰难，此皆诸国失德，不能有，故归我帑藏"，此次参观更多的是想要"可为鉴戒，若取以为玩好，或以供服用，则是蹈覆车之故辙，非祖宗垂训之意也。"[13]

2.2 政治功能

延福宫作为皇家御苑，自然摆脱不了其政治功能。其一，延福宫作为奉安御容的瞻仰场所。旧延福宫"灵顾以奉真宗御容"[14]，可见灵顾殿供奉的是北宋第三位皇帝宋真宗赵恒的御像。元丰二年（1079年），太皇太后曹氏即仁宗曹皇后崩逝。元丰五年（1082年），"延福宫造神御殿，曰燕宁，以奉仁宗慈圣光献皇后御容。"[12]1346 其二，延福宫作为宋朝宫廷祭祀场所。宋仁宗景祐二年（1035年）戊午，"帝御延福宫临阅，奏郊庙五十一曲"[4]9267。宋代宫廷祭祀仪式中祭祀天地的"郊祀"和祭祀祖先的"宗庙"，合称"郊庙"。其三，延福宫在徽宗时期曾作为皇后受册的场所。政和元年（1111年）正月，徽宗皇后上表"乞免受册排黄麾仗及乘重翟车、陈小驾卤簿等，诏依所乞。其延福宫受册，依已降指挥"[15]。其四，延福宫曾作为徽宗时期皇后举行亲蚕礼的场所。《宋史礼志五》载："宣和元年三月，皇后亲蚕，即延福宫行礼。"[12]1590 其五，靖康之变时，宋徽宗的孟皇后由于被废未上金人拘禁名单，得免于同北宋后宫宗室一道北迁。张邦昌建立伪齐政权，尊其为宋太后，将其迎入禁中延福宫垂帘听政。

2.3 宗教功能

北宋统治者在实行三教并重政策的同时，对道教采取扶持和尊崇的政策。其一，延福宫内曾建藏殿，藏有《道藏》经。《正统道藏》洞神部卷七《风雾卸函》载："驾部郎中王衮致仕归宿州，因悟杀生，发心写道经一藏……当来发心舍入太清延福宫。缘本宫系内道场，合先奏闻……奉圣旨，就延福宫建藏殿，安著王衮所进道经。"[16] 其二，延福宫充当了道教内道场的功能。如"延福宫开启皇后生辰道场密词""延福宫性智殿开启皇后生辰道场密词""延福宫开启皇后生辰道场密词"等密词，是道士或僧人忏悔过失以祈福、荐亡的文字，就是在延福宫内举行的宗教祈祷活动。《正统道藏》洞神部卷四《洞神认厌》记载了一件事，有位云游道士叫罗洞真，在延福宫居住。皇太后刘娥因患病来延福宫祈祷，罗洞真认为宫庭内有赤气，有厌魅咒诅发毒的征兆。于是在延福宫，开始建三坛法醮三个昼夜，以及赠罗洞真紫衣师号，并在延福宫主持焚修，听候宣唤。

2.4 文化功能

宋仁宗天圣年间，二圣并立，年幼的仁宗皇帝与章献太后刘氏共掌权力。因应这一特殊政治格局，宫中屡屡上演借双头牡丹以象征两宫昭德之瑞的牡丹审美玩赏及诗赋创作等活动。夏竦《延福宫双头牡丹》载："禁蔺阳和异，华丛造化殊。两宫方共治，双花故联跗。"[17] 延福宫双头牡丹诗并非一般性地描写和赞美牡丹，而主要是结合当时特定的政治形势，借以牡丹歌咏二圣并立的政治局面，尤其是以论证并称颂刘太后垂帘听政的合法性。

3 延福宫与北宋皇家曲宴活动

曲宴是一种宋朝皇家官方宴饮，君臣可通过曲宴拉近彼此距离，是北宋帝王在繁重的政务之余放松心性与融洽君臣的一种方式。

北宋王朝非常重视元宵节的灯展。为了办好灯展，自头年腊月就开始"预赏""先赏"，时间一般为十二月十五日至正月十五日前试灯。景龙门是预赏的活动空间，由于延福宫的东边可达景龙门，所以景龙门预赏活动和延福宫曲宴就有了空间上的联结。宣和二年（1120年）十二月癸巳，宋徽宗召大臣在延福宫曲宴，在宴会活动的中途至景龙门预赏，后又返回延福宫观赏和饮茶。此次曲宴活动内容多样，"睿谟殿—景龙门—穆清殿—会宁殿—成平殿"是此次曲宴活动的路线。在睿谟殿，"设席如外廷赐宴之礼，然器用殽品，瑰奇精致，非常宴比""饮食自如，食果实有余者，自可携归"，可见有宴饮的活动，"仙韶执乐，和音曼声，合变争节，亦非教坊工人所能髣髴"，可见亦有雅乐欣赏。到了傍晚，在景龙门预赏观灯，"都人熙熙"，表明与平民百姓处于同一活动空间。然后皇帝"诣穆清殿，后入崆峒洞天，过霓桥，至会宁殿"。"崆峒"与"洞天"，在道教上为仙山以及神仙居住的地方，有意打造出一种道教神仙生活空间。到了第二天，宋徽宗在成平殿亲自注汤、点茶。"妙舞蹁跹，态有余妍""复出宫人合曲"[18]，可见还有歌舞的表演。

《宣和七年九月二十三日睿谟殿赏橘曲燕诗》记录了宣和七年九月时在睿谟殿赏橘的活动。宣和七年（1125

年）十二月，在睿谟殿举办了张灯预赏的曲宴活动，宋徽宗命王安中和冯熙载两人写诗以进。王安中所作记载了他自垂拱殿奏事完毕后，退至睿谟殿外，由东序入席。午后，睿谟殿举行的宴饮结束。徽宗准许登景龙门，王安中由穆清殿庑外阁道登至景龙门，看到东边的艮岳和南边的琳宫、北边的景龙江，以及景龙门下都人的太平景象。到了晚上，复召至穆清殿观灯，再至成平殿饮茶，最后至会宁殿观赏古器物、饮酒、分赐嘉果和山珍海味。冯熙载的诗只记载其所经过的路线，先至穆清殿，后被诏至睿谟殿赏乐，再至景龙门观都人，后至成平殿与会宁殿。关于延福宫曲宴的记载，可知在延福宫中的曲宴活动上多着重对饮食、饮茶、歌舞、音乐的描绘，延福宫七殿，频繁出现的是睿谟殿、穆清殿、会宁殿、成平殿，其中睿谟殿最为重要。

4　结语

延福宫把自然、人文、地理等多种元素融合在一起，以建筑、水景、山景、植物等组成，形成了独特的北宋皇家园林特点。延福宫反映了当时社会文化和审美情趣，既是中国传统文化的历史继承，又是当代文化发展的精神支柱。延福宫在北宋园林文化中具有重要的历史地位，如何更好地发挥园林文化在新时代中国式现代化中的价值，必须推进传统园林文化精神在当代的延续。习近平总书记强调，"园林文化是几千年中华文化的瑰宝，要保护好，同时挖掘它的精神内涵，这里面有我们中华优秀传统文化基因。"这就给园林文化在新时代美好生活建设中的传承、弘扬和创新提供了方向性指引和理论性前瞻。发挥园林文化的传承作用就是要适应当下城市更新的发展，怎样推动园林服务百姓的美好生活。在当下新的造园时代，对传统园林文化传承的要求不仅是对传统的继承，更是对其进行创新和发展，不仅要掌握传统的造园技艺，还要结合现代的设计理念和技术手段，创造出符合时代需求的园林作品。在园林文化传承与保护上，各级政府可以加大对园林文化的保护和支持力度，制定相关政策，提供资金支持。学术界可以加强对园林文化的研究和推广，提供理论上的支持和学术上的指导。文化机构和社会团体可以举办各种活动，如展览、讲座等，提高公众对园林文化的认知。

参考文献

[1] 张继禹.中华道藏：第30册 [M].北京：华夏出版社，2014：662.

[2] 黄纯艳.宋代财政史 [M].昆明：云南大学出版社，2013：27.

[3] （宋）汪藻.靖康要录笺注 1[M].成都：四川大学出版社，2008：28.

[4] 冯琦.宋史纪事本末：上 [M].陈邦瞻，纂辑；张溥，论正.北京：商务印书馆，1935.

[5] 宋继郊.东京志略 [M].王晟等，点校.开封：河南大学出版社，1999：15.

[6] 脱脱，等.宋史 [M].北京：中华书局，1977.

[7] 曾枣庄，刘琳主.全宋文：第166册 [M].上海：上海辞书出版社；合肥：安徽教育出版社，2006：380.

[8] 乔迅翔.宋代官式建筑营造及其技术 [M].上海：同济大学出版社，2012：251.

[9] 脱脱，等.宋史 [M].北京：中华书局，1985：13684.

[10] 单远慕.论北宋时期的花石纲 [J].史学月刊，1983（6）.

[11] 王安石.王荆公诗注补笺 [M].李壁，注；李之亮，补笺.成都：巴蜀书社，2002：885.

[12] 脱脱，等.宋史 [M].长春：吉林人民出版社，1995.

[13] 邓小南.祖宗之法　北宋前期政治述略 [M].北京：生活·读书·新知三联书店，2006：359.

[14] 梁思成.梁思成文集 3[M].北京：中国建筑工业出版社，1985：93.

[15] 汤勤福，王志跃.宋史礼志辨证：下 [M].北京：生活·读书·新知三联书店，2011：601.

[16] 张勋燎，白彬.中国道教考古：4 [M].北京：线装书局，2006：1221.

[17] 肖鲁阳，孟繁书.中国牡丹谱 [M].北京：农业出版社，1989：48.

[18] 曾枣庄，刘琳.全宋文：第109册 [M].上海：上海辞书出版社；合肥：安徽教育出版社，2006：178-179.

作者简介

于博文 /1997 年生 / 男 / 庄河人 / 北京林业大学马克思主义学院博士研究生 / 研究方向为园林史

行业博物馆藏品分类体系初探
——以园林类博物馆为中心的讨论

Study on the Classification System of Collections in Industrial Museums
——A Discussion Centered on Landscape Museums

常　璐　茹龙飞

Chang Lu　Ru Longfei

摘　要： 行业博物馆作为一类新兴的博物馆，随着近年来博物馆事业的快速发展，已取得令人欣喜的成果。其中园林类博物馆是重要的一类行业博物馆，其藏品大多具有园林属性，因此在收藏、展示与研究的过程中需要采用与其园林属性相适应的分类体系。本文对目前国内园林类博物馆的界定与分类以及藏品属性做了分析，根据藏品的园林属性，提出了园林类博物馆藏品分类体系，以便于反映出藏品的园林特征与功能。以园林类博物馆为中心来讨论行业博物馆分类体系的建立，同时也是建立起行业博物馆各项工作标准化发展的重要契机。

关键词： 行业博物馆；藏品分类体系；园林类博物馆；园林属性

Abstract: As an emerging type of museum, industry museums have achieved gratifying results with the rapid development of the museum industry in recent years. Among them, garden museums are an important category of industry museums, and most of their collections have garden attributes. Therefore, in the process of collection, display, and research, a classification system that is suitable for their garden attributes needs to be adopted. This article analyzes the definition and classification of domestic garden museums, as well as the attributes of their collections. Based on the garden attributes of the collections, a classification system for garden museum collections is proposed to reflect the garden characteristics and functions of the collections. Discussing the establishment of a classification system for industry museums centered around garden museums is also an important opportunity to establish standardized development of various work in industry museums.

Key words: industry museums; collection classification system; landscape museum; garden attributes

　　国际博物馆协会 2022 年发布了博物馆的最新定义，"博物馆是为社会及其发展服务的非营利性常设机构，它主要研究、收藏、保护、阐释和展示物质与非物质遗产。"[1] 博物馆是展示人类及其环境的"见证物"——物质与非物质遗产的重要场所。关于博物馆的类型，一般以知识门类的综合性来划分，可以分为综合性博物馆和专题博物馆，以及近年来逐渐兴起的行业博物馆。

　　行业博物馆是一类新兴的专题博物馆，出现时间较短，但发展迅速，它是以某一学科知识为标准，立足于某一专业而成立的博物馆。行业博物馆在观众与该行业之间建立起了解与沟通的媒介，提升了观众对该行业的兴趣。虽然各行业博物馆的展示各有侧重，但是对于阐释人类历史与文明发展都具有重大意义。行业博物馆的分类大致可以以行业来划分，可以从隶属关系的主管部门来区分，如文化系统、科技系统、教育系统、军事系统、民政系统、园林系统，以及其他有关政府部门主管或筹建的博物馆。

1　园林类博物馆的界定与分类

自20世纪末始，我国博物馆事业进入迅速发展时期，园林类博物馆作为一类重要的行业博物馆，也随之涌现而出。经过20多年的发展，目前我国园林类博物馆有大约18家（表1），从博物馆性质来看，大多数为其他行业和文物系统国有博物馆，非国有博物馆占少数，并且仅有"中国园林博物馆"一家国家级博物馆。

表1　我国园林类博物馆统计（截至2022年）[2]

序号	博物馆名称	省份	博物馆性质
1	中国园林博物馆	北京	其他行业国有博物馆
2	圆明园展览馆	北京	其他行业国有博物馆
3	颐和园博物馆	北京	其他行业国有博物馆
4	北京大觉寺管理处	北京	文物系统国有博物馆
5	苏州园林博物馆	江苏	其他行业国有博物馆
6	太原市公园服务中心园林园艺展览馆	山西	其他行业国有博物馆
7	延园	安徽	其他行业国有博物馆
8	上海豫园管理处	上海	文物系统国有博物馆
9	佛山市顺德区清晖园博物馆	广东	文物系统国有博物馆
10	东莞市可园博物馆	广东	文物系统国有博物馆
11	深圳市和畅园博物馆	广东	非国有博物馆
12	兴义市刘氏庄园陈列馆	贵州	文物系统国有博物馆
13	承德市避暑山庄博物馆	河北	文物系统国有博物馆
14	西藏自治区罗布林卡管理处	西藏	文物系统国有博物馆
15	成都杜甫草堂博物馆	四川	文物系统国有博物馆
16	四川易园园林艺术博物馆	四川	非国有博物馆
17	青岛九水生态园林博物馆	山东	非国有博物馆
18	胶东六艺园艺术博物馆	山东	非国有博物馆

尽管园林类博物馆数量少、出现时间晚，但它确实是较为重要的一类行业博物馆，在各种类型的行业博物馆中占有重要地位。从范畴界定来看，园林类博物馆的范围较广。从已建立博物馆的数据来看（表1），园林类博物馆依据古典园林的性质来分类，包括以下几类。

（1）皇家园林。在皇家园林遗址上建立的博物馆有颐和园博物馆和圆明园展览馆。这类博物馆的特点是充分利用园林原本的山水环境，展示传统造园艺术和古代皇家园林恢宏富丽的气势。还有一类特殊的园林为离宫御苑，如承德避暑山庄博物馆，是在清代皇家离宫基础上成立的博物馆。

（2）私家园林。私家园林按照地域风格又可分为北方、南方、岭南、西南等地区。其中南方地区园林类博物馆较多，有苏州园林博物馆、延园、上海豫园管理处等。苏州园林博物馆是南方园林风格的代表，以拙政园为基础建立了我国第一座园林专题博物馆。其周围还有狮子园等江南园林遗址，均属于文化遗产地或者各级文保单位。岭南园林有顺德清晖园博物馆、东莞市可园博物馆、深圳市和畅园博物馆等。西南园林的代表则为四川易园园林艺术博物馆。这些私家园林博物馆风格各异，但无一不是展示园林历史的重要场所和鲜活实物。

（3）寺观园林。寺观园林也是一类重要的园林，在寺观之上建立的园林类博物馆有北京大觉寺管理处、成都杜甫草堂博物馆等。这一类园林将宗教场所与城市居民公共游赏场所联系起来，美化了环境，更具有群众性和开放性。因此这一类园林博物馆也继承了该特征，一般以优美、独特的环境或者风景名胜著称。

（4）少数民族园林。这是一类特殊的园林，在清代以来开始流行，数量也较少。目前保留较完整且已建立博物馆的有西藏自治区罗布林卡管理处，反映了独树一帜的园林风格。

（5）现代园林。除了在古代园林基础上建立的博物馆，中国园林博物馆是现代建成的一座以园林为主题的大型国家级博物馆。中国园林博物馆与上述这些园林类专题博物馆在设计理念、展览、藏品等方面各有千秋，是一座规模更大、更综合、更现代的博物馆。

其实我国还有很多与园林相关的寺观、公园、衙署、书院等，还未建成博物馆，包括文化遗产地、文保单位或遗址。例如景山、西苑、白云观、清音阁、潭柘寺等，均为宝贵的古代园林遗址。

2　园林类博物馆藏品属性分析

目前，我国综合性博物馆的藏品分类体系已经较为成熟，基本采用统一的标准，即依据藏品的属性（或用途）、质地来进行分类[3]。但是随着近年来专题性行业博物馆的兴起，这些博物馆的藏品分类问题还存在着巨大的探讨空间。由于各类型博物馆的性质和任务的不同，博物馆的藏品分类标准、分类体系也不尽相同。园林类博物馆的藏品不仅具有文物属性，还普遍具有园林属性，因此，建立分类标准、完善分类体系是园林类博物馆藏品管理与研究的当务之急。

一般来说，园林包含五大要素，即地形、植物、建筑、广场与道路、园林小品[4]。而中国古典园林的最大特征是"本于自然，高于自然"[5]，因此中国古典园林更注重其中的山、水、建筑、花木、小品[6]。山体和水体是园林最重要的构成因素，是园林的基本架构。园林类博物馆的建设可以充分利用或精心设计山水地形，使其成为博物馆园区的组成部分。但山体和水体本身却不属于园林博物馆的藏品。园林的其他几类构成要素——建筑、植物和小品，才是真正需要展示的重要藏品。园林中的建筑能够反映园林的流派特征与发展脉络，其功能、组合、设计、立意等，在整体风格的统一上具有较高的要求。动、植物也是园林中不可或缺的要素，是造景的重要题材和体现园林自然属性的最主要部分。园林小品泛指园林中的小型设施，如雕塑、山石、陈设等，种类繁多，小而精致，使园林景观更加丰富、生动，富有表现力。园林小品因其体量较小而又深受人们喜爱，因此很容易保存下来。

因此，园林博物馆的藏品主要源自构成园林的几大要素：

（1）园林中的建筑要素：木、石、砖瓦、琉璃等建筑构件，砖雕、彩画、楹联等装饰构件，贴落、夯土等建筑技术。

（2）园林中的动植物要素：植物标本、名贵花木、各类化石等可以直观地反映出园林景观的藏品。

（3）保存下来的园林小品：盆景、奇石、石刻、家具、文玩、各类器物等。

除了直接构成园林的要素，与园林紧密相关的其他实物，如能够反映园林特征的各类古代文物，以及与园林相关的古籍文献、票据档案、影像图片等，也是重要的园林藏品。例如"刖人守囿"青铜车[7]，出土于山西上郭村西周晚期墓葬，刻画了专职人员守卫动物苑囿的场景，是中国古典园林雏形的真实写照。再如考古遗址出土的带有"上林""平阿乐宫"等文字的瓦当，"高章臣印""左司空臣""东园章臣""池室之印""鼎湖苑印""东苑臣印""左云"等封泥，不仅证实了历史文献中记载较少的秦汉禁苑的存在[8]，而且为古代园林管理机制的研究提供了实证。

3　园林类博物馆藏品分类体系

鉴于园林藏品庞杂的体系，以传统的材质来分类显然无法达到清晰明了的效果。笔者曾在《园林类博物馆藏品分类体系研究》一文中尝试探讨园林藏品的分类问题[9]。现就此问题做更深入的分析，尝试提出园林藏品的分类体系。

根据藏品的园林属性，可以将现有的园林类博物馆的藏品分为园林建筑藏品、园林小品藏品、园林动植物藏品、园林文献藏品、园林模型藏品以及其他藏品6个大类（表2）。

表 2　园林类博物馆藏品分类

类别	名称	亚类	示例说明
第一类	园林建筑藏品	园林建筑构件	瓦当、陶砖、木构件等
		园林建筑技术相关的实物	贴金、贴落、夯土等
第二类	园林小品藏品	园林室内外陈设	陶器、瓷器、紫砂器、古典家具等
			假山、赏石、碑刻、盆景等
		反映园林历史、变迁、重大事件的实物	石刻、碑志、拓片等
第三类	园林动植物藏品	动植物化石、标本	标本、化石、名贵花木、中国特有的园林植物等
		动植物档案资料	档案资料、图片等
第四类	园林文献藏品	园林典籍	书法、绘画、刺绣、绢画、唐卡等
			诗词、歌赋、小说等
			剧本、影像、服装、道具、照片等
			菜系、菜谱、原料等
			政治家、科学家、美学家、鉴赏家及其作品、用品等
		园林技术文献	园林规划的原始档案和图纸、获奖的园林设计作品原稿等
			园林科研重大成果相关照片和著作等
			票据、导游图、邮票、公园管理相关档案资料、文物保护、修缮或复建资料、环境治理、机构设置等的档案资料
			动植物养护、培育技术相关的书籍等
第五类	园林模型藏品		园林模型、复制品等
第六类	其他藏品		各类纪念品、不宜归入前几类的藏品等

3.1　园林建筑藏品

第一类为园林建筑藏品，指园林中的建筑实物，根据功用可分为建筑构件和装饰构件。

1.园林建筑构件。如木、石、砖瓦、琉璃等建筑构件；石雕、砖雕、木雕、灰雕、彩画、壁画、楹联、匾额等装饰构件。

2.与园林建筑技术相关的实物。包括园林建筑材料、工具、工艺等，如贴金、贴落、夯土等。

3.2　园林小品藏品

第二类为园林小品藏品，包含了园林建筑及园林小品实物，以及与其相关的资料等。根据实物的具体功能和在园林中的位置，又可分为两个亚类。

1.园林室内外陈设，具体可分为室内陈设物品和室外陈列物品。

（1）园林室内原状陈设物品，如古典家具、日用器物、文玩、乐器、帐幔及其他工艺摆件等。此类藏品包括陶器、瓷器、紫砂器等。

（2）园林室外陈列物品，包括各种庭院陈设物品，例如各园林流派的假山、赏石、碑刻、盆景等。

2.摆放在园林内，并且能够反映园林历史、变迁、重大事件的实物，包括石刻、碑志以及拓片等。

3.3　园林动植物藏品

第三类为园林动植物藏品，指园林中的动、植物相关实物及资料。

1.动植物化石、标本，包括园林动植物的标本、化石、名贵花木、中国特有的园林植物等实物。

2.动植物档案资料，包括古树名木的档案资料、图片等。

3.4　园林文献藏品

第四类为园林文献藏品，指与园林相关的各种类型的文献实物。按照其记载内容可分为园林典籍和园林技术文献两个亚类。

1.园林典籍。园林典籍指与园林相关的古籍、拓片等资料。可分为以下 5 种：

（1）与园林相关的各种形式的书画作品，如书法、绘画、刺绣、绢画、唐卡等。

（2）与园林相关的历代文学作品，如诗词、歌赋、小说等。

（3）与园林相关的影视资料，如剧本、影像、服装、道具、照片等。

（4）与园林相关的饮食文化，如菜系、菜谱、原料等。

（5）与园林人物相关的资料，如政治家、科学家、美学家、鉴赏家及其作品、用品等。

2.园林技术文献。园林技术文献与指园林技术相关的各类文献资料，按照内容可分为以下 4 种：

（1）与园林规划相关的文献，如城市园林绿地系统规划的原始档案和图纸、国内外获奖的园林设计作品原稿等。

（2）与园林学科科研相关的文献，如园林科研重大成果，园林新产品、新技术、新工艺、新材料的相关照片和著作等。

（3）与园林管理或现代公园管理相关的文献。能够反映园林发展的重要文献资料，如票据、导游图、邮票、各省市公园图书资料、公园管理相关档案资料，文物保护、修缮或复建资料，环境治理、机构设置等的档案资料。

（4）与园艺技术相关的文献，如动植物养护、培育技术相关的书籍等。

3.5　园林模型藏品

第五类为园林模型藏品，指不同时代制作的各园林模型或者复制品等。

3.6　其他藏品

第六类为其他藏品，如各类纪念品等不宜归入前几类的其他藏品。

4　结语

按照藏品的园林属性进行分类，建立专业的园林藏品分类体系，不仅能够充分反映出藏品的园林属性与功能，突出园林类博物馆的特征，更能够科学地进行藏品征集、鉴定与管理，为深入研究中国园林发展史提供全面、真实、科学的研究材料。以园林类博物馆为中心来讨论行业博物馆分类体系的建立，同时也是建立起行业博物馆各项工作标准化发展的重要契机。

参考文献

[1] http://wwj.wlt.fujian.gov.cn/xwzx/wbyw/202208/t20220826_5982377.htm.

[2] 国家文物局.2021 年度全国博物馆名录［Z/OL］.http://www.ncha.gov.cn/art/2023/3/1/art_2237_46047.html.

[3] 国家文物局.博物馆藏品保管工作手册［M］.北京：群众出版社，1992：64.

[4] 唐学山，等.园林设计［M］.北京：中国林业出版社，1997：20.

[5] 周维权.中国古典园林史［M］.北京：清华大学出版社，2015：26.

[6] 王毅.中国园林文化史［M］.上海：上海人民出版社，2014：400.

[7] 张崇宁."刖人守囿"六轮挽车［J］.文物季刊，1989（2）.

[8] 陕西省考古研究所秦汉研究室.新编秦汉瓦当图录［M］.西安：三秦出版社，1986：168-170.

[9] 常璐，等.园林类博物馆藏品分类体系研究［J］.博物馆研究，2018（3）：49-54.

作者简介

常璐/1990 年生/女/甘肃白银/助理研究员/毕业于中国人民大学考古文博系/历史学博士学位/研究方向为农业考古、博物馆学/工作单位为中国农业博物馆

茹龙飞/1988 年生/男/辽宁丹东/助理工程师/毕业于北京林业大学园林学院/工学硕士学位/研究方向为风景园林/工作单位为北京祥业房地产有限公司

近代上海租界公园与国人自建公园发展关系研究

A Study on the Developmental Relationship between Concession Parks and Chinese-owned Parks in Modern Shanghai

郑力群

Zheng Liqun

摘　要： 本文以租界公园与国人自建公园的互动为线索，深入探讨了近代上海公园观念与实践的发展轨迹。论文首先阐述了早期租界公园对经营性私园产生的影响，以及经营性私园对市政公园的推动作用；随后分析了租界公园的快速发展如何影响了华界市政公园的兴起；最后考察了租界公园建设进入停滞阶段后，华界公园快速发展的原因。研究发现，租界公园对于自建公园发展的直接影响表现为大众娱乐观念转变与经营性私园建设，前者进一步影响了自建公园意识的形成，后者则同时影响了公园观念与实践；租界公园对自建公园的影响在后期逐渐减弱，主要原因为租界建设停滞、国民政府推动的华界市政建设以及全球化城市建设思想的传播。

关键词： 近代上海；租界公园；自建公园；经营性私园；市政公园

Abstract: This article delves into the development trajectory of park concepts and practices in modern Shanghai, focusing on the interaction between concession parks and Chinese-owned parks. It firstly expounds on the early influence of concession parks on commercial ventures and the catalyzing role of commercial ventures in the establishment of municipal parks. Subsequently, it analyzes how the rapid development of concession parks influenced the emergence of municipal parks. Finally, it examines the rapid growth of municipal parks, particularly in the Huangpu District, following the stagnation of concession park construction. The research reveals that the direct impact of concession parks on the development of Chinese-owned parks manifested in shifts in popular entertainment concepts and the construction of commercial ventures, both of which affected park concepts and practices. However, the influence of concession parks on Chinese-owned parks gradually diminished later on, primarily due to the stagnation of concession development, the promotion of municipal development by the Nationalist government, and the dissemination of global urban development ideologies.

Key words: modern Shanghai; concession parks; Chinese-owned parks; commercial ventures; municipal parks

公园是近代中国造园的主要组成部分，是传统造园转型与现代造园建立的标志物[1]。近代公园以其建设主体不同可分为两大类：租界公园、国人自建公园。上海是最早建设租界公园的城市且租界公园发展相对充分，同时其近代市政发展具有一定的典型性，自建公园与租界公园发展有密切联系。故此，以上海为本研究切入点具有很好的代表性。当前的近代上海园林研究已广泛关注租界公园[2-3]、自建公园[4]，但缺乏对其造园关系的专门研究。

本文所述的国人自建公园包括以绅商为建设主体的

项目编号：浙江省教育厅一般项目（20056131-F）。

经营性私园和以政府为建设主体的市政公园。近代上海租界区建有 15 座租界公园，同时也有一些私人拥有但对公众开放的经营性私园，其与公园功能相似[5]，故本文将其视作自建公园的雏形。这些公园对上海居民的娱乐和社交至关重要。然而租界公园长期限制华人进入，一度成为民族歧视的象征[6]；同时经营性私园又往往收取门票，使得大多数居民难以进入[7]，它作为公园的功能也逐渐衰退。在民国时期，随着城市人口增加、密度增大和地价上涨，租界公园走向兴盛而经营性私园式微[8]。1927 年后，华界市政建设启动，以市政公园为主体的自建公园又逐渐占据主导地位。

租界公园与国人自建公园的此消彼长反映了近代上海公园发展的复杂性与矛盾性，对二者互动关系的研究有助于深入理解近代国人公园观念与实践的发展。

1 租界公园示范下的经营性私园发展

1.1 早期的租界公园及其影响

上海的租界公园在近代中国租界公园发展史中具有一定的代表性。上海最早的租界公园是公共花园（public garden），今黄浦公园（图 1）。王云对早期的公共租界《工部局董事会会议录》中有关公共花园的部分进行了详尽的解读，发现直至 1890 年前后，公共花园和外滩景观带都是租界重要的公共空间[6]。本文对于《北华捷报》中公园话语的研究也进一步证明了这一点。从图 2 中可以看出，自 1868 年公共花园建成，到 1899 年租界大规模扩张之前，有关公共花园的报道一直没有间断，而且呈现显著增加的趋势。这些报道多是有关公园中所进行

图 1　初建时的公共花园
（来源：http://www.virtualshanghai.net/Photos/Images?ID=34389）

的公共活动，包括日常游憩、体育活动、园艺活动、花展、演讲、聚会、乐队演出等。从《北华捷报》关于租界日常事务的记录中发现，自 1887 年起，公共花园内的乐队演出成为一项固定的日常活动，一直持续到 1926 年。这一现象清晰地展示了公共花园作为租界的重要公共空间的意义。

尽管如此，在外滩公园于 1868 年开辟后直至 1890 年前后，租界公园的发展并不多，新建的公园数量非常有限。出现这一现象的原因在于当时租界地区外籍居民数量有限，土地资源和财政资金均十分紧缺。因此，租界当局在那段时间内无法也无须再开辟新的公园或开放空间[2][6]。

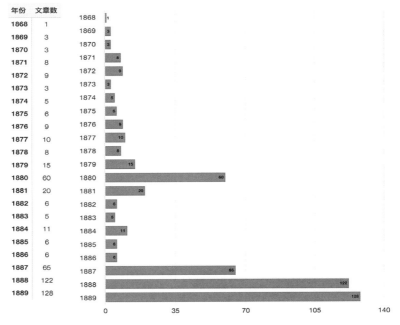

年份	文章数
1868	1
1869	3
1870	3
1871	8
1872	9
1873	3
1874	5
1875	6
1876	9
1877	10
1878	8
1879	15
1880	60
1881	20
1882	6
1883	5
1884	11
1885	6
1886	6
1887	65
1888	122
1889	128

图 2　《北华捷报》中以公共花园为主题的发文统计（1868—1889 年）

19 世纪末，上海的公园发展经历了重大转变。经过 50 年的发展，租界的政治环境相对稳定，财政条件相对宽裕，社会环境也相对安定，这是租界公园得以充分发展的根本原因。1893 年开始的租界扩张进一步推动了城市建设的进展，在这一背景下，上海租界相继开辟了华人公园、驱车大道、公共娱乐场等几处公共花园（图3）。这些新公园的规模大小不一，运营方式也各异，开始展现出与大众生活广泛结合、与新型娱乐活动相融合的趋势[3]。这些新公园的出现具有重要意义，它们成为多种现代公园类型，如游憩型、运动型和儿童公园等的雏形和开端，同时对自建公园的发展产生了长期的示范效应。

1.2　经营性私园的产生与发展

早期的租界公园在国人的造园实践中产生了深远影响，经营性私园的兴起便是其直接后果之一。随着西方近代公共休闲文化的引入，传统造园方式经历了一场转型，其中最显著的变化是私人园林的开放、中西文化的融合以及其商业化的逐步实现。与此同时，租界内的公园仅限西人进入，这一政策引发了国人的强烈不满和愤懑[9]。

1882 年，中国商人运用股份公司模式，建立了集公园、游乐场等多种功能于一体的申园，主要服务于中上层社会阶层，开放后受到极大欢迎并获得了丰厚的经济回报，由此催生了经营性私园的快速发展。接下来的十几年间，以张园为代表的经营性私园进入了繁荣发展的阶段。这类园林不仅风景优美，还提供了丰富的餐饮和娱乐项目。以上海为例，摄影、幻灯、电影、西方马戏等新兴娱乐活动都是在这些经营性私园中首次出现的，而清末出现的综合性游乐场也深受其影响[10]。

从 19 世纪 80 年代第一个经营性私园的成立到民国建立之前，是这种园林形式发展的高峰期，这对国人自建公园的创造产生了重要影响。这种影响不仅体现在造园观念的转变上，还体现在具体的造园风格与形式上。1904 年，《大公报》报道了一个例子："金陵下关商埠将兴，兹有某显宦在彼购买荒地多亩，依照上海张氏味莼园形式，建造公园一座，供人游览。刻已兴工赶造，落成之期当在明春桃月"[11]，这位显宦是端方，当时任两江总督，他的公园项目虽因调任而被搁置，但仍清晰地显示了经营性私园对国人自建公园的影响[12]。

民国建立之后，经营性私园在与综合性游乐场的竞争中败北，经营性私园的发展开始进入衰退时期[13]。与此同时，随着国人城市建设从学习租界转向学习西方先进国家，国人自建公园也开始从西方现代公园建设中直接汲取营养，国人自建公园受经营性私园的影响减弱（图4）。

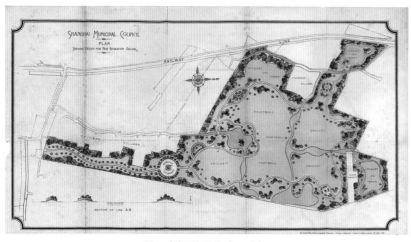

图3　新娱乐场设计（1903 年）
（来源：王云.上海近代园林史论［M］.上海：上海交通大学出版社，2015）

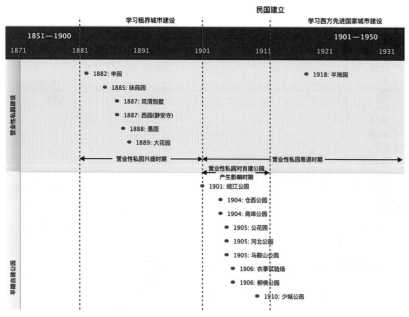

图4　经营性私园对国人自建公园的影响

1.3　经营性私园的深刻影响——以上海张园为例

在清末上海，张园是经营性私园中最有代表性的一个，始建于 1878 年，最初为英国商人格龙租用农田兴建，后由富商张叔和在 1882 年购得并更名为张氏味莼园。

1.3.1　张园对公园形式的探索

张叔和对私园如何转变为公共空间做了重要的探索。根据周向频对张园进行的复原可以看出，相较于传统私园，张园在空间上有两方面的重要变化：首先是对空间风格的混合使用，既有开阔的大草坪和通达的水岸码头，也有曲径通幽和变幻多端的传统理水；既有传统风格较小尺度的建筑，又有西式大型的功能性的建筑；既有传统的自然式园路与边界，又有几何形的园路与边界。其次是对造园规模的扩大，1882 年至 1894 年，张叔和逐步购得园西侧的 39 亩农田，扩建原园至 61 亩，使其成为当时上海最大的私家园林[14]。

在园林要素方面，张叔和在园中兴建了"海天胜处"等洋房，打造了亭台花圃，水系环绕整个园区，水上设亭台如海上三山，呈现传统园林理念。此外，还设有茶室、戏台、供雅士题诗的墙壁，呈现了传统文人园的格局[15]（图5）。

至 19 世纪 80 年代末，张园成为中西合璧的新式花园典范，被称为最"合于卫生之道"[16]。1885 年，张园开放并同时提供传统和现代设施，包括电气屋、照相室、网球场和西式餐厅，成为各界名流娱乐和社交的中心，同时也是清末时期举行反清演讲的主要场所。1903 年张园曾租给西方人经营者，他们引入新的游乐设施和西方魔术表演，繁荣一时。在开放的 20 多年中，张园一直是上海最大的公共活动场所[17]（图6）。

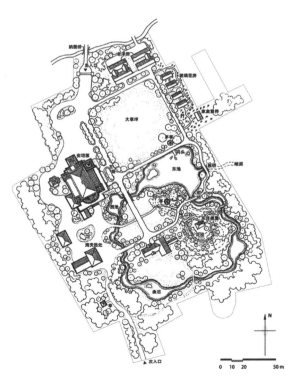

图 5　1907 年张园布局复原图
［来源：周向频，麦璐茵.近代上海张园园林空间复原研究［J］.中国园林，2018（7）］

图 6　张园中的游园活动
（来源：上海市静安区文史馆.张园记忆［M］.上海：上海文化出版社，2017）

1.3.2　张园对自建公园观念形成的影响

张园对早期国人公园观念的形成产生了深远影响。分析当时的文人袁祖志[①]发表于申报上的文章《味莼园续记》[18]，可以看出对这种新式园林的认识和由此产生的园林观念的转变。袁祖志提到，在中国的传统园林思想中，崇尚造园因借山水："自来治园之道，必有山水凭借而后可以称盛。"因此，那些"毫无凭借，空中结撰"的园林，在传统中国社会是不被欣赏的："维扬盐商所营，姑苏豪富所筑，不惜重资，务极华丽，不留余地，但事架叠，大抵不离乎俗者近是……"

同时期的西方城市，在城市美化运动的大潮之下，公园成为城市美化与解决卫生问题的重要方法，袁祖志显然受了这种观念的影响，在学习西方的大潮之下，他认为这种将造园与城市卫生、市民休闲结合的观念是进步的："考泰西治园之用意，乃为养生摄身起见，与中国游目骋怀之说似同而实不同……"他对体现了西方造园特征的张园大加赞赏，认为张园规模宏大、功能全面，为市民提供了良好的休息娱乐之地，充分体现了西方现代公园的特征，代表了进步的意识，是当时中国园林应该发展的方向："惟此味莼一园，能深合西人治园之旨""夫然后知治园之道，固不必凭借山水以希著名而称盛，即此空中结撰，亦自有大美益存乎""以视泰西治园之意，既公且溥，无损有益，夫奚止夫渊之判耶"[18]。

事实上，这种新式的园林在当时被大众广泛接受，张园很快成为上海闲民日常生活的一部分，据《忘山庐日记》中记录，"上海闲民所麇聚之地有二，昼聚之地曰味莼园，夜聚之地曰四马路。是故味莼园之茶、四马路之酒，遥遥相对"[19]。与此同时，对于新事物的猎奇构成了人们对公园认知的一部分，1893 年发表于《新闻报》的《安垲第纪游》一文对当时的张园名楼安垲第进行了巨细靡遗的介绍："庭际之顶，悬嵌极大自来火灯四盏，可三四人合抱。据西人言，其光华照耀，与日光无殊，为沪渎所未见，于今晚燃点，与庭前所放烟火两相辉映，淘入不夜之城，当更目迷五色。"[20]这时的大部分人已经摆脱了古代文人认为奢华繁复等同于庸俗的观念，开始更加正面地看待这些让人目不暇接的繁华景象："古昔名园称靡华者，试较之今日，恐亦退逊三舍。"[20]

当时的人们显然已经认识到了公园与传统园林的差异，而且愿意接受这种不同。尽管这些认识存在一定的局限性，很少涉及公园作为公共空间的本质，但这仍然是中国近代公园意识初露端倪的重要体现。与此同时，

经营性私园对西方公园并非全盘接受，无论是在思想上还是在实践上，都体现出时代特征与民族特质。然而，经营性私园对近代自建公园的发展影响是有限的，它的发展没有与近代市政联系起来。因此，在城市发展的过程中，经营性私园并未成为主流力量，对自建公园的影响也局限于清末和民初时期。

2　租界公园兴盛与华界市政公园起步

20 世纪的前 20 余年是公共租界和法租界园林发展的黄金时期，伴随人口与经济的快速发展、城市形态的变迁，租界公共园地开始大量建设与全面拓展，园林管理与技术也有很大发展。这一时期租界出现了大量大中型公园的建设，虹口公园、极司非尔公园、汇山公园、顾家宅公园等不同形式和功能的公园相继建成（图 7）。而公共花园等已有公园，也随着城市社会的发展不断调整[6]。通过对西方先进市政的学习，这一时期的公园发展已经出现了国际化特征。

这一时期的上海华界，城市建设刚刚起步，市政建设主要是模仿租界。1919 年，华界建设了军工路公园。

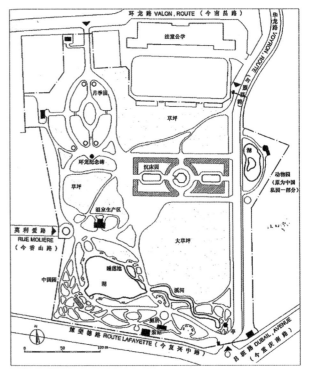

图 7　20 世纪 30 年代顾家宅公园平面图
（来源：王云.上海近代园林史论［M］.上海：上海交通大学出版社，2015）

---

①　袁祖志（1827—1898），字翔甫，号枚孙，别署仓山旧主、杨柳楼台主等。浙江杭州人。为清代大诗人袁枚的孙子，擅长诗文。清光绪二年（1876 年）任《新报》主编。光绪九年（1883 年）他随招商局总办唐廷枢游历西欧各国，归国后著有《谈瀛录》《出洋须知》等书。回国后编《随园全集》，《味莼园续记》就是写在这一时期。

此公园是由私园改造的，与同时期的租界公园的建设水平相去甚远。而这一时期，从全国范围内来看，自建公园建设已经广泛出现，先是清末的政府与自治体建设公园，随后是民初的公园开放运动。但在这一时期，公园作为统治者提倡民主的标杆，其观念层面的意义大于其实践层面，其形式多为对租界公园、营业性私园的模仿，同时充满纪念意味。此后，随着城市建设从学习租界转向直接向欧美先进国家学习，对现代公园市政建设的探索开始出现。

3　租界公园与市政公园的此消彼长

从 1927 年到 1945 年，租界发展受到了极大限制与影响，租界公园建设缓慢发展而趋于停滞，公园建设活动集中在对已有大中型公园的改建和增建少量公共绿地。1928 年 8、9 月间，上海租界公园先后对国人开放。为了缓解公园中突然增加的游人带来的压力，租界市政部门开始对各个公园进行拓建。从统计数据可以得出，这一时期的公园建设主要为扩建，新建的公园为小公园与街头绿地。受限于园林建设资金的减少和游客的迅速增长，这时的租界公园建设只能说是疲于应付。到了 20 世纪 30 年代中期，租界公园的建设与管理逐渐失去秩序，租界公园开始走向衰落。

与之相对的，华界公园的发展在新的市政影响下，出现了新的格局，主要体现在民国上海市政府期间的市政公园的规划、建设。1927 年民国上海特别市政府建立，

长期割裂的华界终于实现统一，由民国上海市政府主导的市政园林建设、规划与管理初步兴起。市政公园建设方面，20 世纪 30 年代初期以公共学校园为主体的多个公园在南市、闸北、江湾等地相继建成。以政府为主体的公园建设，注重实用与科学，游憩、教育功能并重，造园手法和风格趋于现代化[21]（图 8）。基于上海华界的整体发展，华界市政园林有了超越租界园林的诉求和可能，政府主导的“大上海计划”规划与建设蕴含西方的城市公园系统思想，具有高超的国际视野和鲜明的时代性[6][22]。

4　结语

从上海租界公园的整个发展历程及其对国人自建公园的影响的研究中可以看出，租界公园对于近代国人自建公园的影响并不具有持续性，其影响也不全面，这根本上是由中国近代城市发展与租界发展的异质性所决定的。1840—1900 年，租界公园的发展处于创出阶段，这一时期租界公园的影响主要体现在促进了国人公园意识的形成并催生了经营性私园这种特殊的园林形式。1900—1927 年，伴随租界的扩张，租界公园建设兴盛，经营性私园对与公共空间与传统私家园林的结合进行了探索，与此同时，华界开始效仿租界建设市政并建设少量公园。1927—1945 年，随着租界的逐渐衰落，租界公园建设开始衰退。这一时期租界公园的影响明显消退，上海公园建设融入中国近代城市建设大潮之中（表 1）。

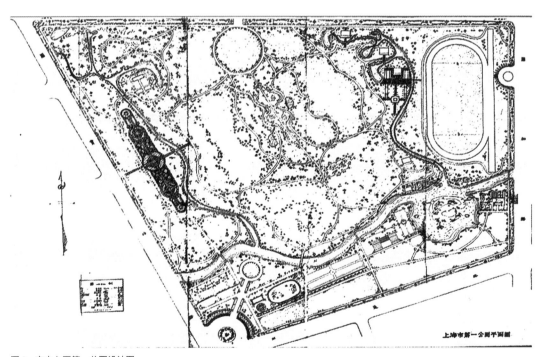

图 8　市中心区第一公园设计图
（来源：《上海市市中心区域详细计划图说明书》，1930）

表1　租界公园对自建公园的影响分析

年代	租界发展	租界公园发展	对华界公园建设的影响	朝代	中国自建公园发展情况
1840—1900	租界创出	租界公园的创出	华界公园意识的形成	清末	自建公园意识形成
1900—1927	租界扩张	租界公园建设的兴盛	经营性私园的创出 华界效仿租界建设市政并建设少量公园		自治体建设公园开始 清政府推动公园建设
				民国	民国政府公园开放运动 学习西方市政与公园系统的初步探索
1927—1945	租界衰落	租界公园建设的衰退	租界公园的影响明显消退 华界公园建设融入中国近代公园建设大流		都市计划指导下的全面系统的公园规划与建设

参考文献

[1] 石桂芳.民国北京政府时期北京公园与市民生活研究 [D].长春：吉林大学，2016.

[2] 王绍增.上海租界园林 [D]．北京：北京林业大学，1982.

[3] 杨乐.中国近代租界公园解析：以上海、天津为例 [D].北京：北京林业大学，2003.

[4] 陈喆华.近代上海私家园林异化的过程及意义 [D].上海：同济大学，2008.

[5] 熊月之.上海租界与文化融合 [J].学术月刊，2002（05）：56-62，70.

[6] 王云.上海近代园林史论 [M].上海：上海交通大学出版社，2015.

[7] 陈喆华.近代上海私家园林异化的过程及意义 [D].上海：同济大学，2008.

[8] 熊月之.晚清上海私园开放与公共空间的拓展 [J].学术月刊，1998（08）：73-81.

[9] 陈蕴茜.日常生活中殖民主义与民族主义的冲突：以中国近代公园为中心的考察 [J].南京大学学报（哲学·人文科学·社会科学），2005，42（5）：82-95.

[10] 张哲.西方文化对近代上海公园的影响 [D].长沙：中南林业科技大学，2006.

[11] 建造公园 [N].大公报，1904-12-05.

[12] 孟森.城镇乡地方自治事宜详解 [M].北京：商务印书馆，1909.

[13] 周向频，陈喆华.上海古典私家花园的近代嬗变：以晚清经营性私家花园为例 [J].城市规划学刊，2007，（02）：87-92.

[14] 熊月之.万川集 [M].上海：上海辞书出版社，2004：148.

[15] 熊月之.异质文化交织下的上海都市生活 [M].上海：上海辞书出版社，2008：412.

[16] 熊月之.张园：晚清上海一个公共空间研究 [J].档案与史学，1996（06）：31-42.

[17] 李德英.城市公共空间与社会生活：以近代城市公园为例 [J].城市史研究，2000（Z2）：127-153.

[18] 味莼园续记 [N].申报，1889-07-16（5833）：1.

[19] 忘山庐日记：381.

[20] 安垲第纪游 [N].新闻报，1893-10-15.

[21] 黄亚平.上海近代城市规划的发展及其范型研究 [D].武汉：武汉理工大学，2003.

[22] 魏枢.《大上海计划》启示录 [D].上海：同济大学，2007.

作者简介

郑力群 /1988 年生 / 女 / 山东潍坊 / 博士 / 讲师 / 园林历史与理论 / 浙江理工大学

论范成大诗作对青城山道观园林的感知与抒情

Research on the Perception and Lyricism of Fan Cheng-da's Poems of Taoist Temple Gardens of Mount Qingcheng

杨　崴

Yang Wei

摘　要： 青城山是我国著名的山岳式园林，也是南宋著名文学家兼园林爱好者范成大离蜀还朝之旅的重要节点。本文基于青城山道观的园林布局及建筑特点、范成大谒山目的、范成大作诗手法等要素，探讨范成大诗作对青城山道观园林的感知与抒情，阐明青城山道观园林对范成大心境嬗变的影响，以供园林文学及景观感知的研究学者参考。

关键词： 范成大；宋诗；园林文学；青城山；道观园林

Abstract: Mount Qingcheng is a famous mountain-style garden in China, which was also an important node in the journey of Fan Cheng-da, a famous writer and garden lover in the Southern Song Dynasty, from Sichuan to the imperial court. This paper analyzes the garden layout and architectural characteristics of the Taoist temples in Mount Qingcheng, the purpose of Fan Cheng-da's visit to the mountain, and Fan Cheng-da's poetic techniques, etc., to explore Fan Cheng-da's perception and lyricism of Taoist temple gardens of Mount Qingcheng in his poems. This paper also clarifies the influence of the Taoist temple gardens of Mount Qingcheng on Fan Cheng-da's evolution of mood, for serving as a reference for researchers in garden literature and landscape perception.

Key words: Fan Cheng-da; Poetry of Song Dynasty; garden literature; Mount Qingcheng; Taoist temple

　　青城山是我国四川历史悠久的山岳式园林，被《中国园林艺术辞典》《巴蜀园林艺术》等列为巴蜀园林的主要代表之一[1-2]，素以"神仙都会"之誉驰名中外（图1）。青城山在历史上曾迎来不少文人墨客[3] 175-183，但南宋"中兴四大家"之一的范成大访谒青城山的目的及过程尤为特别。据范成大本人的笔记《吴船录》记载，宋孝宗淳熙丁酉年（1177年），范成大自四川制置使之职离任还朝，五月底离开成都，过新津、彭山、郫县、犀浦等地，抵达青城山[4] 187-190。范成大专程访谒青城山的直接目的实是"今春病少城，几殆，仅得更生，因来名山禳

祭"[4] 190，其欲攘除疾病的目的迥异于大部分宋人为赏景、求仙而游青城山的目的。故抵达青城山前，范成大多次表现出对青城山的期盼，如"将至青城，再度绳桥"[4] 189、"早顿罗汉院沿江行。山脚入青城界"[4] 189等。此番谒青城山，是范成大出蜀之旅的重要节点，今人龚静染指谒山后的范成大"在《吴船录》中无一丝病态的记录，神情焕发，这一游可以说是他人生远游的极致"[5]。但目前学界关于范成大园林观念或园林文学的研究，皆着眼于归纳其园林诗歌特点[6]，或研究其隐居石湖时的造园观念[7]和精神世界[8-9]，其中虽可得见范

成大对园林的浓厚兴趣，却未见关于范成大青城山之行的研究文献。今人杨志德在《风景园林设计原理》中指出："人在认识世界时，会不自觉地站在自身的角度看待周围的事物，以自身的价值标准来衡量世界。"[10] 而范成大既然身兼官员、文学家、园林爱好者等多重身份，那他在访谒青城山时，必定会对青城山园林环境及建筑的特质极其敏感，继而基于对这些园林特质的感知，在自己同样擅长的文学领域恣意挥洒情志。故此，本文拟针对范成大诗作对青城山道观园林的感知与抒情进行深入解析。具体而言，本文先根据《吴船录》及其他宋人诗文，归纳范成大访谒过的青城山道观园林的特点，再结合范成大的谒山目的、作诗手法等要素，针对范成大描写青城山道观园林的诗作进行分析。其中，范成大访谒过的青城山道观园林有会庆建福宫、玉华楼、上清宫，以下即逐一解析他为三处道观园林分别创作的诗作。①

1 范成大诗作的会庆建福宫园林书写

1.1 宋代会庆建福宫园林的特点

在进入青城山山门后，范成大即刻访谒古称丈人观的会庆建福宫（下称"建福宫"），并"作醮以祝圣谢恩"[4] 190，又写下七言律诗《青城山会庆建福宫》以抒心志。据今编《青城山志》记载，建福宫原名丈人祠（观），始建于晋代，唐开元间刺史杨励奉敕将其迁至青城山丈人峰下，南宋朝廷应范成大之请将其更名为会庆建福宫[3] 2。下文即先简述宋代建福宫园林的特点。

首先，宋代建福宫园林的视野广阔，立此有面临重峦叠嶂之感。《吴船录》称"观在丈人峰下，五峰峻峙如屏"[4] 190，宋人有"精气腾井络，下临群岳尊"（张俞《丈人观》）[11] 4716 等诗句。其次，宋时建福宫是一座高

大豪奢的道观。《吴船录》称"观之台殿，上至岩腹"[4] 190，点明了建福宫的高大与壮观。而宋人诗句如"广殿空庭吹宝熏"（陆游《丈人观》）[12] 481、"琼宫珠殿照云烟"（王之望《丈人观设醮留题》）[11] 21701 均述及建福宫的广阔与豪华。1990 年 12 月考掘宋代建福宫遗址时发现的精美台基及建筑刻件[13] 可作实证。再次，历史上的青城山是我国道教的发源地及圣地[3] 124，且宋时建福宫内有多处道教仙人壁画[3] 2-3，满溢仙气飘飘且神圣凛然的道教色彩。此外，范成大好友陆游的《丈人观》在涉及前述各元素之余，也记述了宋代建福宫园林的繁盛植被，以及采药、煮酒等极富生活气息的民众活动[12]。综上，宋代建福宫园林的特点已大致可见。

1.2 范成大《青城山会庆建福宫》的感知与抒情

范成大《青城山会庆建福宫》小序并全诗如下：

宫旧名丈人观，予为请于朝赐今名。入山前数日，敕书至自行在，予就设醮以祝圣人寿云：

墨诏东来汹驿传，璇题金榜照山川。
祥开圣代千秋节，响动仙都九室天。
触石涌云埋紫逻，流金飞火烛苍巅。
祗应老宅庞眉客，长记新宫锡号年。[14] 248-249

此诗小序中记载的诗人请旨赐名得朝廷允准之事，《吴船录》中有更详细的记载：

丈人自唐以来，号五岳丈人储福定命真君。传记略云："姓甯，名封。与黄帝同时，帝从之问龙蹻飞行之道。"本朝增崇祠典，与濝、庐皆有宫名，此独号丈人观。先是其徒以为言，余为请之朝。……乃赐名会庆建福宫。余将入山而敕书适至，乃作醮以祝谢圣恩。[4] 190

要之，原丈人观主祀黄帝时期的仙人甯封子，却只能称"观"，未如其他道观一样获得"宫"的称谓，范

图 1　青城三十六峰（资料来源：《青城山志》编修委员会：《青城山志》，第 4 版，成都：巴蜀书社，2004 年，卷首图集。）

---

① 范成大《再题青城山》虽亦作于青城山，但却未涉任何道观园林，故不纳入本文研究范围。参见：范成大著，富寿荪点校，《范石湖集》，上海：上海古籍出版社，1981 年，第 249 页。

成大深感不平，故直接向孝宗转达丈人观道人请求赐予宫名的意愿。而赐名圣旨及御题建福宫匾额是与范成大同时到达青城山的，范成大的欣喜与自豪在《青城山会庆建福宫》中可见一斑。

《青城山会庆建福宫》首联出句中的"汹"字证明圣旨及匾额是邮驿加急送达的，可知皇帝对此事极为重视，故"汹"也象征着诗人强烈的自豪感。首联对句中，因建福宫园林的视野极其宽广，面临万峰，故诗人在将皇帝赐名之事的影响具化为御题匾额的耀眼光辉后，又用夸张手法使得匾额光辉遍照周遭山峰。而这夸张化的巨大影响又归功于诗人的请旨之举，故首联出句与对句在句意上有顺承关系，自然而然地承接了诗人的自豪感。

颔联则是谢圣颂圣之语，而建福宫园林如前所述充满着道教气息，故诗人在歌颂圣德、祝福圣寿绵长的同时，也以夸张手法将圣德的影响扩大至"九室天"，欲使天上道教诸仙也能感受圣德。

颈联则是现实环境与想象空间的结合。颈联出句中，山中浓云涌起（"触石涌云"），遮蔽了泛紫的峰峦（"埋紫逻"），而对句中御题匾额发出的光辉（"流金"，此为想象）与山上的"圣灯"（"飞火"）交织，使峰顶仿若火炬燃烧般明亮（"烛苍巅"）①。关于青城山的"圣灯"，迄今仍是著名的自然现象之一，《吴船录》如此形容：

> 夜，有灯出。四山以千百数，谓之圣灯。圣灯所至多有，说者不能坚决。或云古人所藏丹药之光，或谓草木之灵者有光，或又以谓龙神山鬼所作，其深信者则以为仙圣之所设化也。[4] 191

诗人同样写于青城山的七言歌行《玉华楼夜醮》小序云：

> 初夜有火炬出殿后峰上，……已而如有风吹灭之，比同行诸官至，则无见矣。予默祷云："此灯果为我者，当再明，使众共观之。"语讫复现。[14] 249

由此，诗人虽知时人对"圣灯"有不同认识，但如前述，诗人谒青城山的直接目的是攘除病灾，且《玉华楼夜醮》小序又以"圣灯"有灵的说法来阐释此现象。故笔者仍倾向以"以为仙圣之所设化也"来理解诗人对"圣灯"的认识，即诗人在目睹青城山"圣灯"后，认为这是道教仙人预示诗人能成功攘除病灾的信号。

尾联则描述了诗人希望"庞眉客"能记得建福宫被

赐名的时间，此种心理与建福宫园林的人文环境有关。如前所述，建福宫周遭并非荒无人烟，而是有采药、煮酒等丰富的人文活动，且诗人自言"山后老人村耆耇妇子辈，闻余至此，皆扶携来观"[4] 191，诗人也曾因老人村村名"獠泽"用字不雅而将其更名为"老宅"[4] 191。故尾联实是希望村民们能记得诗人向朝廷请赐改名及更改村名的事迹，再次承接了首联中对请赐改名事的自豪感，又从侧面印证了身为官员的诗人与村民的深厚情谊。

要之，诗人范成大基于对建福宫园林特点的感知，结合刚刚接到赐名圣旨与匾额的自豪感，在《青城山会庆建福宫》中恣意挥洒自己的愉悦情志（图2）。

图2　青城山建福宫（资料来源：《青城山志》编修委员会：《青城山志》，第4版，成都：巴蜀书社，2004年，卷首图集。）

---

① 关于颈联对句，今人龚静染的解释是："在夜空中看到幽谷之中舞动着星星点点的光亮，犹如烛光摇曳，非常壮观。"引自龚静染：《〈吴船录〉范成大游记中的青城行》，《华西都市报》2018年9月27日第11版。然而，颈联对句中的"烛"与出句的"埋"相对，应均作动词用，而宋诗中的动词"烛"常为"照亮、发光"意，如"灵宇华灯烛九光"（钱惟演《寄灵仙观舒职方学士》）、"仰佐鸿明烛万方"（夏竦《皇后阁端午帖子》），故将"流金飞火烛苍巅"的"烛"直接解释为"犹如烛光摇曳"有些勉强。且单就句意而言，建福宫在青城山下，离"苍巅"（峰顶）甚远，若峰顶有蜡烛，人们在山脚的建福宫也无法清晰目见，故以蜡烛来理解"烛苍巅"在句意上有些许偏差。而范成大《玉华楼夜醮》小序称"初夜有火炬出殿后峰上"，以火炬（火把）比喻"圣灯"现象，故笔者将"烛苍巅"解释为使峰顶仿若火炬燃烧般明亮。前述钱惟演、夏竦诗句引自北京大学古文献研究所编：《全宋诗》，北京：北京大学出版社，1992年，第1062、1814页。

2 范成大诗作的玉华楼园林书写

谒建福宫后，范成大再于青城山真君殿前玉华楼作夜醮[4] 190，并作二十三韵七言古体《玉华楼夜醮》记之。《玉华楼夜醮》小序并全诗如下：

青城观殿前大楼①，制作瑰丽，初夜有火炬出殿后峰上，羽衣云：“数年前曾一现。”已而如有风吹灭之，比同行诸官至，则无见矣。予默祷云：“此灯果为我来者，当再明，使众共观之。”语讫复现。

丈人峰前山四周，中有五城十二楼。
玉华仙宫居上头，紫云澒洞千柱浮，刚风八面寒飕飗。
灵君宴坐三千秋，蹻符飞行戏玄洲。
下睨浊世悲蜉蝣，桂旗偃蹇澹少休。
知我万里遥相投，暗蜩奏乐锵鸣球，浮黎空歌清夜遒。
参旗如虹欻下流，化为神灯烛岩幽，火铃洞赤凌空游。
谁欤蔽亏黯然收？祷之复然为我留。
半生缚尘鹰在鞲，岂有骨相肩浮丘？
山英发光洗羁愁，行迷未远夫何尤！
笙箫上云神欲游，揖我从之骖素虬。[14] 249

《吴船录》如此描述玉华楼：“翚飞轮奂，极土木之胜。殿四壁，孙太古画黄帝而下三十二仙真，笔法超妙，气格清逸。”[4] 190 可见玉华楼与建福宫一样均为高大华美且满溢道教气息的道观建筑。而《玉华楼夜醮》与《青城山会庆建福宫》同在道观设醮情境下所作，且与《青城山会庆建福宫》多有相似的感知与抒情之处，如“参旗如虹欻下流，化为神灯烛岩幽，火铃洞赤凌空游”同样体现出诗人相信“圣灯”亮起对自己有积极效用，又如“灵君宴坐三千秋，蹻符飞行戏玄洲”“浮黎空歌清夜遒”同样满溢道教气息。故为免赘余，本文不就《玉华楼夜醮》对园林环境的感知及抒情进行逐句详析，仅略述其与《青城山会庆建福宫》的不同之处。

在《玉华楼夜醮》中，因玉华楼较建福宫地势更高、视野更广阔，且如前述诗人在同年春季曾缠绵病榻，故大病初愈的诗人在玉华楼上深感“刚风八面寒飕飗”，又在“下睨浊世悲蜉蝣，桂旗偃蹇澹少休”中借俯视视角描绘如蜉蝣般渺小的万物，以抒珍视生命、悲悯众生之意。其后，诗人笔锋一转，开始脱离前文中不禁寒风与悲悯众生的低落情绪，并借空山、虫鸣等自然景象展现积极愉悦的心态。如“知我万里遥相投，暗蜩奏乐锵鸣球”将满山虫鸣幻化为欢迎诗人的乐章，又如“山英发光洗羁愁，行迷未远夫何尤”点出山中美景使诗人全然忘却了羁旅之苦。由此可见，因诗人在到达青城山之前未有关涉玉华楼的经历，故《玉华楼夜醮》未如《青城山会庆建福宫》一般在明面上赞颂圣德并表达自豪之意，但仍基于对玉华楼园林环境的感知，抒发出积极愉悦的心情。而正因脱离了颂圣要求的藩篱，《玉华楼夜醮》的愉悦情感远比《青城山会庆建福宫》更为洒脱和外放。

3 范成大诗作的上清宫园林书写

3.1 宋代上清宫园林的特点

在设夜醮于玉华楼的次日，范成大登建福宫西侧山峰，访谒上清宫[4] 191，并作七言律诗《上清宫》，又在《吴船录》中详细记述了上清宫园林的环境。据清代彭洵《青城山记》引南宋王象之《舆地纪胜》云，上清宫始建于西晋时丈人祠（建福宫）西的高台山[15]，此应为范成大所谒处（图3）。但据今编《青城山志》记载，在青城山诸峰中，自晋代后曾有天国山、成都山、高台山等三处上清宫[3] 9-10。两宋时又有山东崂山、河南邙山、江西龙虎山、四川鹤鸣山等多处上清宫。故虽宋代夏竦、文同等人皆有诗言及“上清宫”②，却无法确定是否范成大所谒处，可确定者唯陆游《宿上清宫》（九万天衢浩浩风）、

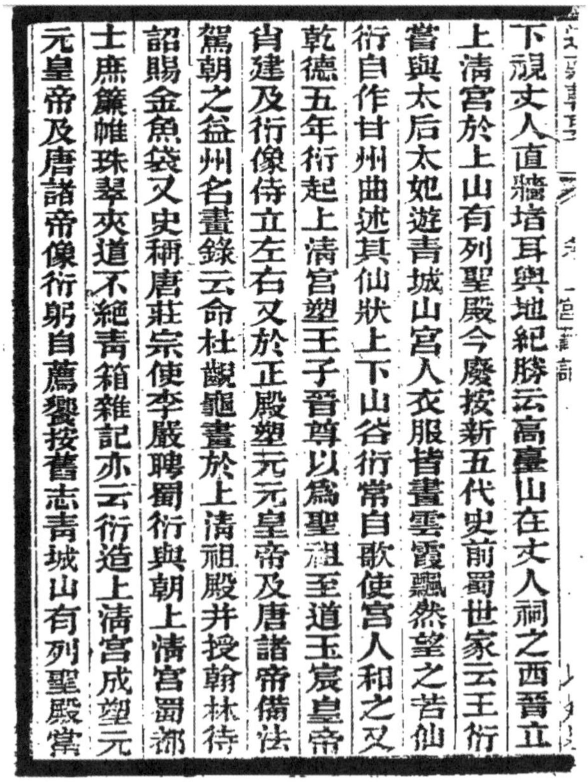
下視丈人直牆堵耳輿地紀勝云高臺山在丈人祠之西晉立
上清宮於上山有列聖殿今廢按新五代史前蜀世家云王衍
嘗與太后太妃遊青城山宮人衣服皆畫雲霞飄然望之若仙
衍自作甘州曲述其仙狀上下山谷衍常自歌使宮人和之又
乾德五年衍起上清宮塑王子晉尊以為聖祖至道玉宸皇帝
肖建及衍像侍立左右又於正殿塑元元皇帝及唐諸帝備法
駕朝之益州名畫錄云命杜齯龜畫於上清祖殿并授翰林待
詔賜金魚袋又史稱唐莊宗使李嚴聘蜀衍與朝上清宮蜀都
士庶簾帷珠翠夾道不絕青箱雜記亦云衍造上清宮成塑元
元皇帝及唐諸帝像衍躬自薦饗按舊志青城山有列聖殿嘗

图3　彭洵《青城山记》中关于上清宫的记载（资料来源：彭洵：《青城山记》，台北：广文书局，1976年，第22页。）

① 《吴船录》中记载玉华楼在真武殿前，此处称“青城观”应为作者笔误。

② 如夏竦有《八年正月天庆节上清宫行香锡庆院御筵日扬辉有非烟非雾之云》，文同有《题鹤鸣化上清宫》，参见北京大学古文献研究所编：《全宋诗》，北京：北京大学出版社，1992年，第1770、5358页。

《宿上清宫》（永夜寥寥憩上清）、《登上清小阁》，与范成大所谒处一致①。下文即就陆游上清宫诗作及范成大《吴船录》提及的宋代上清宫园林的特点稍作归纳。

首先，上清宫并非建福宫式的豪华建筑，而是"以板阁插石，作堂殿"[4] 191（《吴船录》）且"楼观参差"[12] 647（陆游《登上清小阁》）的简陋道观。其次，宋人言及上清宫地势时多称其位于"最高峰之顶"，且"峻极可知"[4] 191（《吴船录》），即上清宫当身处绝顶，比前述建福宫、玉华楼地势更高。再次，上清宫因地处绝顶而人迹罕至，《吴船录》云"非留旬日不可登，且涉入夷界，虽羽衣辈亦罕到"[4] 191。故上清宫虽也像建福宫一样存在食用及药用植物，如"盘蔬采撷多灵药"[12] 483（陆游《宿上清宫》），却没有像建福宫一样丰富的人文活动。复次，《吴船录》及陆游诗作皆提及"峰浪东倾"奇观[4] 191、[12] 647，即如果人们站在上清宫，可俯视如绿色波浪向东翻涌一般的岷山诸峰。由此，宋代上清宫园林的特点已大致可见。

3.2　范成大《上清宫》的感知及抒情

范成大《上清宫》小序并全诗如下：

自青城登山，所谓最高峰也。

历井扪参兴未阑，丹梯通处更跻攀。

冥濛蜀道一云气，破碎岷山千髻鬟。

但觉星辰垂地上，不知风雨满人间。

蜗牛两角犹如梦，更说纷纷触与蛮。[14] 250

今人李时人如此解析此诗："此诗写攀登上清宫后，为所见雄伟景象所陶醉，从而产生淡泊名利的想法。"[16] 笔者认同李氏观点，并拟以淡泊名利、意图退隐之意为中心，分析《上清宫》对园林环境的感知与抒情。又如前述，目前可确定的、描写范成大所谒上清宫的宋诗皆出自其好友陆游，故本文在解析《上清宫》时，亦会适时援引陆游的上清宫诗作以作参照。

《上清宫》首联描述了攀登上清宫之难，侧面展现了上清宫地势之高，但这种难度丝毫未让诗人退却，"兴未阑""更跻攀"证明诗人游兴反而更为高涨，这种积极心态也与前述范成大青城山诗作一脉相承，反映了诗人在青城山之旅中一直保持着愉悦心情。而陆游上清宫诗作虽亦有形容地势高的诗句，但其观感却是"累尽神仙端可致，心虚造化欲无功"[12] 483，对攀登高山感到疲惫并心忧徒劳无功，与范成大的积极心态相反。

关于范成大《上清宫》额联、颈联，此处不妨先引

陆游上清宫诗作的相关描写以资参照，即《登上清小阁》"云作玉峰时特起，山如翠浪尽东倾"[12] 647、《宿上清宫》（永夜寥寥憩上清）"星辰顿觉去人近，风雨何曾败月明"[12] 646两联。对比范成大"冥濛"一联（额联）与陆游"云作"一联，以及范成大"但觉"一联（颈联）与陆游"星辰"一联，可知范、陆的视角皆为登上上清宫后的视角。陆游在饱览云海峰浪、星辰明月后顿觉心情舒畅，在诗中尽情书写上清宫园林的超然世外之感，全然抛却了前述登山时的疲惫和心忧。而在范成大《上清宫》额联中，苍茫云海遮挡了岷山众峰的风光，唯在云气缝隙中窥得些许风景，仿佛眼前的风景被云海阻挡和搅碎。但范成大在《吴船录》中却能清晰目睹"峰浪东倾"奇观[4] 191，故《上清宫》描写的被云海阻挡和搅碎的风景，似是一直热衷美景、心情愉悦的范成大突然无心赏景，从而有意改写实景的结果。既然岷山美景被云海阻挡、搅碎，《上清宫》颈联出句只好转而描绘高空的漫天星辰，而颈联对句又述及与美景格格不入的"人间风雨"，并表现出对"人间风雨"的惆怅及对上清宫星辰不知"人间风雨"的羡慕。

由上可知，《上清宫》额联、颈联刻意浇灭了诗人范成大在之前各首青城山诗作（包括《上清宫》首联）中营造的乐观和热情，情感基调急转惆怅。此外，尾联更借"蛮触"典故②表现对斗争及矛盾仿若梦境的慨叹。这种转变，应归因于范成大其时的人生经历。据今人余霞分析，范成大在蜀地为官的两年间，蜀地行政长官频繁更换、朝廷屈服于金国、利州东西二路分合不利备战等事件接踵而来[17]，且范成大本人更在离蜀前的春天大病一场。在受尽这些"人间风雨"后，他心生对官场的烦闷、疲倦也是情理之中。由此，可合理推断范成大自谒建福宫至谒上清宫期间的感知与抒情的嬗变：范成大在谒上清宫前的诗作皆满溢着欢愉，应是他在得知皇帝御赐建福宫宫名后的喜悦和自豪盖过了对官场的厌闷，且攘除病灾的愿望一直牵引着他的积极情绪，这在《青城山会庆建福宫》《玉华楼夜醮》中赫然可见。待到谒上清宫，宫殿本身的简陋让他更倾向于感知周遭的园林环境，而上清宫园林地势极高、风势极强，且人迹罕至，更易生出"高处不胜寒"之感，又联想到近年朝政不振及为官时亲见的官场乱象，故油然生出退隐之意。此后，范成大诗文便数次出现隐退念头，最典型者莫过于在鄂地所写的"然余以病丐骸骨，傥恩旨垂允，自此归田园，带月荷锄，得遂此生矣"[4] 226，其意溢于言表（图4）。

---

① 参见陆游著，钱仲联校注：《剑南诗稿校注》，上海：上海古籍出版社，1985年，第483、484、646～648页。此外，陆游诗涉青城山高台山上清宫者，尚有"姚将军靖康初以战败亡命，建炎中下诏求之不可得。后五十年乃从吕诇宾、刘高尚往来名山，有见之者。予感其事，作诗寄题青城山上清宫壁间。将军傥见之乎"一诗，参见前述《剑南诗稿校注》第585～586页。但此诗无涉上清宫的任何园林景观，仅为感怀姚将军事迹，故正文不论此诗。

② "蛮触"典出《庄子·杂篇·则阳》，原文为："有国于蜗之左角者曰触氏，有国于蜗之右角者曰蛮氏，时相与争地而战，伏尸数万，逐北旬有五日而后反。"引自郭庆藩撰，王孝鱼点校：《庄子集解》，北京：中华书局，2016年，第892页。宋代文学作品惯以"蛮触"比喻斗争、矛盾。

图4　青城山上清宫（资料来源：《青城山志》编修委员会：《青城山志》，第4版，成都：巴蜀书社，2004年，卷首图集。）

4　结语

本文基于青城山道观园林的特点、范成大谒山目的、范成大作诗手法等要素，探讨了范成大诗作对青城山道观园林的感知与抒情，阐明了青城山道观园林对范成大心境嬗变的影响。《青城山会庆建福宫》写于范成大设醮于建福宫时，此时获赐宫名的自豪感牵引着范成大的积极乐观情绪，故他以积极心态感知并书写建福宫园林的广阔视野、"圣灯"现象、人文活动、道教气息等要素，这种积极心态及对园林景观的乐观感知亦延续至《玉华楼夜醮》。及至谒上清宫后，因上清宫园林地势较高且人迹罕至，"高处不胜寒"之感让范成大更加冷静地思考自己是否适合朝堂及官场，致使范成大的情绪及对园林环境的感知急转而下，故《上清宫》刻意以惆怅情绪描绘云海、峰浪、星辰等自然物象。由此，我们对范成大诗作对青城山道观园林的感知与抒情及其嬗变已有清晰认知。囿于学力，笔者未及对范成大及宋人的其他青城山诗作进行更多探讨，唯望学界可继续完善相关题材的园林文学研究。

参考文献

[1] 张承安. 中国园林艺术辞典 [M]. 武汉：湖北人民出版社，1994：25-26.

[2] 曾宇，王乃香. 巴蜀园林艺术 [M]. 天津：天津大学出版社，2000：11-12.

[3] 《青城山志》编修委员会. 青城山志 [M]. 4版. 成都：巴蜀书社，2004.

[4] 范成大，著. 孔凡礼，点校. 范成大笔记六种 [M]. 北京：中华书局，2002.

[5] 龚静染. 《吴船录》范成大游记中的青城行 [N]. 华西都市报，2018-09-27（11）.

[6] 赵靖. 范成大园林诗研究 [D]. 重庆：四川外国语大学，2022.

[7] 何晓静. 范成大的园林与山水观念 [J]. 创意与设计，2019（3）：65-70.

[8] 王瑜欣. "石湖居士"与"石湖"：立足园林解读范成大 [J]. 江苏第二师范学院学报，2022，38（05）：78-87，124.

[9] 谷中兰. 园林情结的自足与自解：范成大园林书写与精神超越 [J]. 文学遗产，2019（3）：70-79.

[10] 杨至德. 风景园林设计原理 [M]. 第3版. 武汉：华中科技大学出版社，2015：51.

[11] 北京大学古文献研究所. 全宋诗 [M]. 北京：北京大学出版社，1992.

[12] 陆游. 剑南诗稿校注 [M]. 钱仲联，校注. 上海：上海古籍出版社，1985.

[13] 叶茂林，樊拓宇. 四川都江堰市青城山宋代建福宫遗址试掘 [J]. 考古，1993（10）：916-924，935，967-968.

[14] 范成大，著. 富寿荪，标校. 范石湖集 [M]. 上海：上海古籍出版社，1981.

[15] 彭洵. 青城山记 [M]. 台北：广文书局，1976：22.

[16] 李时人. 中华山水名胜旅游文学大观：诗词卷 [M]. 西安：三秦出版社，1998：1249-1250.

[17] 余霞. 陆游、范成大巴渝诗异同之原因探析 [J]. 重庆工商大学学报（社会科学版），2007（5）：105-110.

作者简介

杨崴 /1998年生 / 男 / 广东人 / 香港理工大学中文及双语学系在读硕士研究生 / 研究方向为中国语文

明清园林槐树景观空间营造、功用及精神内涵探究

Exploration on the Creation, Function and Spiritual Connotation of Sophora Tree Landscape Space in Ming and Qing Dynasties Gardens

江诗馨 岳红记

Jiang Shixin Yue Hongji

摘 要: 槐树是我国的乡土树种,具有悠久的栽培历史和较高的观赏价值,形成的槐文化是中国传统文化的重要组成部分。槐树也是我国传统园林中常用的植物之一,其古朴苍劲、清荫数亩、花叶可观等特性利于进行园林空间营造。中国古典园林于明清臻至成熟,槐文化内涵与种植形式也基本固定。该研究通过考察史籍、园记、园图、园论等资料探究槐在园林中的造景渊源、空间作用及文化内涵,以期为当今中国现代景观设计传承与发扬槐文化提供借鉴。

关键词: 传统园林;槐树;空间营造;明清时期

Abstract: Sophora japonica is a native tree species in China, with a long cultivation history and high ornamental value. The formed culture of Sophora japonica is an important component of traditional Chinese culture, and the Sophora japonica is also one of the commonly used plants in traditional Chinese gardens. A large number of gardens use the characteristics of the Sophora japonica tree, such as its ancient and vigorous nature, clear shade on several acres, and considerable flowers and leaves, to create space. By the Ming and Qing dynasties, Chinese classical gardens had reached a mature stage, and the cultural connotations and planting forms of locust trees were also basically fixed. By examining historical records, garden records, garden maps, garden theories, and other materials, this study aims to explore the origin, spatial role, and cultural connotations of the Chinese locust tree in landscape design, in order to provide reference for the inheritance and promotion of the Chinese locust tree culture in modern landscape design in China.

Key words: traditional gardens; sophora tree; space construction; Ming and Qing dynasties

引言

槐树树形高大、苍劲古朴、绿冠成荫,它的生理特性使其易于进行空间处理和景观营造。本文所探讨的槐树树种范围为豆科槐属落叶乔木——槐(*Sophora japonica*)及其形态上的变种龙爪槐(*Sophora japonica 'Pendula'*),二者均在中国古典园林中有悠长广泛的运用历史,故文中统称为槐。目前对槐树的研究多集中于植物设计及运用,如鲍戈平在《"槐荫当庭"——明清江南造园中的庭荫树》中归纳了明清造园著作中含槐树在内的五类庭荫树的配置要点[1];陈一山在《国槐的文化内涵及其园艺品种》中探讨了槐的文化内涵、园艺品种及其栽培和应用[2];孙昱在《国槐的历史文化与价值研究》中系统论述了槐树的栽培历史、经济价值及艺术表现形式,但对槐树在园林中空间功能的深入研究相对缺乏[3]。通过分析槐树景观的应用历史、文化内涵,阐

释它在园林中的具体布置手法与功能，以期丰富槐树景观研究内容，并为当今园林景观传承槐文化提供借鉴和参考。

1　古代园林中槐树种植概况

我国园林营造对槐树的应用可追溯到西周，当时槐树已植于朝廷，以"三槐九棘"①作为官位象征。《尚书·逸篇》载："大社唯松，东社唯柏，南社唯梓，西社唯栗，北社唯槐。"[4]槐树是西周社树之一，有祈福功能，代表社会礼教。槐自古便是行道树的优良树种，秦汉之后，长安至诸州之道已有夹路植槐的记述②。《三辅黄图》载汉长安"树宜槐与榆，松柏茂盛焉"，《西京杂记》载上林苑植槐"六百四十株，守宫槐十株"，可见秦汉喜槐之盛。汉代太学内有一植槐数百株的书市，称槐市，文士在此买卖交易，交流学术思想，对当时官方教育起到积极作用[5]。此后，孔庙、国子监、书院园林内多效仿太学植槐树（图1～图5）。

图3　韩城文庙古槐1

图4　韩城文庙古槐2

图1　北京国子监古槐景观罗锅槐

图2　关中书院古槐

图5　鹅湖书院古槐

---

① 周代朝廷种三槐九棘，公卿大夫分坐其下，以定三公九卿之位。后以"三槐九棘"为三公九卿之代称。

② 参看：（唐）房玄龄《晋书》卷一一三《苻坚载记上》。

唐朝承汉风余韵，槐树相当于是长安的市树，长安城中轴大街两旁皆植槐树，李贺有诗"落日长安道，秋槐遍地花"，可见当时植槐盛景[6]。宋、明、清造园活动愈盛，槐树仍以"殿庭槐楸"广植皇家园林，也依旧作为骨干树种用于行道庇荫。《槐荫消夏图》描绘文人于槐树下乘凉小憩，可见当时槐树已被推广作为庭荫树栽于民间家前院后（图6）。明清时期出现许多有关园林的理论著作，《园冶》《闲情偶寄》《长物志》是较全面且具代表性的三部，均有关于槐作庭荫树的记载，如《园冶》载"梧阴匝地，槐荫当庭"，对其有极高的评价。园艺学专著《花镜》中对槐树也有"二旬叶成，扶疏可观""槐荫两阶之桼"的描写，槐甚至被视为品评庭荫树的参照，如形容楝树、皂荚有"叶密如槐""叶如槐而尖细"的评价[1]。

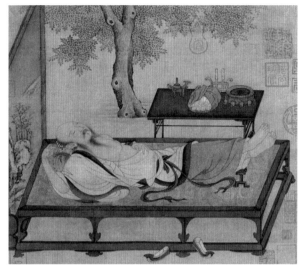

图6　槐荫消夏图局部

表1　明清时期槐树景观应用例举

年代	园林名称	园林类型	槐树景观	种植形式与位置	景观空间构成
明	御花园	皇家园林	"蟠龙槐"	植于绛雪轩南端西侧	与建筑组景，形成舒缓的景观效果，烘托空间气氛
	王氏拙政园	私家园林	"槐雨亭""槐幄"	植于亭侧 孤植形成林下空间	与建筑组景，软硬结合，丰富层次 孤植形成林下空间，起到点景效果
	桂子园	私家园林	"槐阴亭""松槐林"	植于亭旁 与松树混植	与建筑、水体组景，分隔、组织空间，使景观疏密有致、掩映成趣
	曲阜孔府铁山园	私家园林	"五柏抱槐"	与柏树混植	点缀空间，体现四季变化，烘托氛围
	冶麓园	私家园林	"绿雨堂"	——	将固态的槐转化为液态的雨，烘托园林氛围①
	晋祠	寺观园林	"唐槐"	植于水镜台之后	形成建筑背景，增添层次，烘托氛围
	关中书院	书院园林	"唐槐"	对植于讲堂允执堂前	与建筑组景，软硬结合、虚实对比，烘托氛围
清	颐和园	皇家园林	"殿庭槐楸""嘉荫轩"	对植于勤政殿两侧 植于嘉荫轩旁，该轩因此得名	与建筑组景，软硬结合，烘托空间气氛
	圆明园	皇家园林	"庭槐"② "山槐" "宫槐"③	孤植于庭内 植于假山上 列道对植	丰富景观层次，烘托园林氛围
	西苑	皇家园林	"古柯庭"	该庭为古槐而建	与建筑组景，丰富景观层次
	避暑山庄	皇家园林	"水流云在亭"	植于亭后	形成建筑的背景，增添景深层次
	何园（双槐园）	私家园林	"庭槐"	植于船厅前	分割空间，增加层次，烘托氛围
	清华园	私家园林	"庭槐"	对植庭内	点缀庭院空间，增加层次，烘托氛围
	勺园	私家园林	"庭槐"	列植院内	行道遮阴，点缀庭院空间，烘托氛围
	凤池园	私家园林	"家槐"	列植院内	行道遮阴，点缀庭院空间，烘托氛围
	阅微草堂	私家园林	"家槐"	对植院后	点缀庭院空间，增加层次，烘托氛围
	可园	私家园林	"山槐"	植于假山之上	居于假山一隅，形成入画小景，与建筑、假山、水池形成很好的呼应关系
	雍和宫	寺庙园林	"庭槐"	植物建筑前	与建筑的对称布局相契合，烘托祭祀氛围，营造园林意境
	天坛	祭祀园林	"宫槐"	列植于外坛	烘托严肃静谧的空间氛围

---

① 周代朝廷种三槐九棘，公卿大夫分坐其下，以定三公九卿之位。后以"三槐九棘"为三公九卿之代称。

② 取自：北朝诗人庾信在其《入彭城馆》中所写"槐庭垂绿穗，莲浦落红衣"，本文以"庭槐"代指庭院槐树景观。

③ 取自：《尔雅》中"守宫槐"，本文以"宫槐"代指宫廷槐树景观。

2　明清园林中槐树景观类型

明清时期堪称我国传统园林种植设计艺术的集大成时期[7]，该时期种植理论更为丰富，造园技巧更为成熟，同时将传统哲学思想与文化形态落实于空间内[8]。整理现有文献，明清时期三十余座园林中设有槐树景观，代表园林见表1。根据位置和功能，明清园林中槐树常见的种植位置和方式有孤植或对植于殿堂庭前，列植于园路旁和岸边等。

2.1　植于殿堂庭前

皇家园林为显庄严肃穆，槐树多采用对植和列植方式。如颐和园仁寿殿两侧对植油松和槐树，象征皇家威严。圆明园西洋楼景区多处对植规整槐树，表达轴线序列感（图7）。《花镜》论槐树空间布局，"人多庭前植之，一取其荫，一取三槐吉兆，期许子孙三公之意"[9]。北海古柯庭是以古槐为主题的庭院，颐和园乐寿堂、永寿斋、静佳斋是后妃居所，其内均有槐树遗存至今（图8）。明清私家园林的园主大多是有政治追求的文人，庭前种槐便成为经典的种植模式。"晚清第一园"何园原名为双槐园，因其船厅内对植两株槐树而有此名。清代名画《槐荣堂》中槐树挺立庭院中，枝繁叶茂、高大挺拔的槐树象征家族兴旺（图9）。槐树常对植于门前屋后，清华园古月堂垂花门内、阅微草堂院后均对植两株槐树（图10）。此外，槐树也植于亭、轩后作背景，如避暑山庄水流云在亭以槐树为背景，颐和园嘉荫轩甚至以槐荫为景名。

2.2　植于园路堤岸旁

槐树除荫蔽门庭外，因其树形规整，明清时依旧被用于行道庇荫。明洪武时期，秦淮两侧栽柳树，御道和部分主干道两旁植槐树，"槐"和"还"谐音，意喻平安归还[10]。明代北京城遍种柳、榆、槐树，东华门至景山"夹道皆槐树，十步一株"，外城还有因栽满槐树而得名的槐树斜街[11]。皇家园林内也多以槐树作行道树，既体现一定的礼教制度，又发挥庇荫功能。

私家园林中常用槐、柳、松等共同组景，如勺园中"覆者皆柳也，肃者皆松，列者皆槐"（图11），凤池园内"榆槐夹路，薇花对溪"，乌有园则"碧梧青槐，以垂夏荫"[12]。槐也可植于堤岸两边美化环境，同时还能防土固坡。避暑山庄部分河岸用槐、柳等形成水边"高柳深槐"景象，圆明园之天然图画以松槐缀植湖畔[13]，九州清晏中河堤沿岸种植槐树形成围合空间，并在桥梁出入口搭配榆叶梅等进行点缀，起提示作用（图12、图13）[14]。

2.3　植于假山周边

假山周边槐树种植方式较丰富，多为丛植或杂植，

图7　圆明园西洋楼透视图铜版画·黄花阵（藏于法国国家图书馆）

图8　北海公园古柯庭唐槐景观

图9　《槐荣堂》图（藏于上海博物馆）

图10　清华园古月堂垂花门前古槐（作者自摄）

图11 《勺园祓禊图》局部（北京大学博物馆藏）

图12 圆明园四十景图·九州清晏（局部）（法国巴黎国家图书馆藏）

图13 圆明园四十景图·天然图画（局部）（法国巴黎国家图书馆藏）

偶有孤植。真山造景，如颐和园的万寿山，槐树主要与元宝枫、槲树、山桃等其他乡土树种搭配组成色彩、季相丰富的混交林。圆明园西洋楼之谐奇趣，东西两侧土山密植槐、松、杨等乔木，两面围合形作建筑背景，起视线分隔作用，颇具山野自然之美（图14）；而假山石造景，如颐和园夕佳楼前的假山，槐树孤植于假山之后作背景，叠石假山与参天古树搭配，营造咫尺山林之境[15]。

图14 圆明园西洋楼透视图铜版画·谐奇趣（藏于法国国家图书馆）

3 明清园林槐树景观功能

3.1 延伸、补充建筑的庇荫功能

槐树常植于建筑附近，延伸、补充建筑的庇护功能。明清文人园记中有"如幄""夏屋"等形容树木冠大、荫如帐篷的字眼，《拙政园三十一景图》有"槐幄"一景，文徵明赋诗"庭种宫槐已十围，秘阴径亩翠成帷。"该景以槐荫为主体构建休憩性场所（图15）。清末重臣祁寯藻是爱槐之人，他称晚年所居小巷为槐巷，宅园内亦植槐。《行兰》诗："穉槐墙西隅，逼仄砖檐端。"该槐植于院落西北角，大树靠角为狭小庭院空间争取较开朗场面，软化建筑边角的同时为建筑提供视线遮挡，还能遮阴蔽凉，使环境舒适宜人（图16）[16]。

图15 拙政园三十一景之·槐幄（藏于纽约大都会博物馆）

图16　《息园行乐图》局部（图片来源：参考文献[17]）

3.2　与其他景观相互成景，增加空间层次

　　槐树与假山成景可形成空间感，圆明园内有多处槐树植于假山旁侧，姿态良好的槐树与精小山石相依，形成体量与质感的对比。大型土山上，常密植槐、柳、海棠等形成葱郁的山林景象和屏障效果（图17～图22）。以槐树与多种乔木搭配组成山林景象，可形成"槐棠疏错""榆槐崇密"之景。西洋楼景区养雀笼东侧南北两座土山遍植国槐、旱柳、玉兰等，作为建筑空间与外界的屏障，起视线遮挡兼具庭院观赏效果，海晏堂前用槐树与低矮灌木配置，通过高低对比，打破庭院呆板格局（图23～图25）。醇王府花园中，槐树与榆柳、松柏连排植于假山上和水池边，通过错落有致、疏密得当的种植，创造绿荫连绵、起伏不断的山林空间，烘托园林意趣。为使园内水面产生平远曲折的效果，将槐、榆、枫杨等高大乔木在两岸夹峙种植，加强景深，丰富水岸线层次的同时增强水面纵深感（图26、图27）[17]。

图18　圆明园四十景·映水兰香（槐树植于稻田南侧，作为稻田背景）

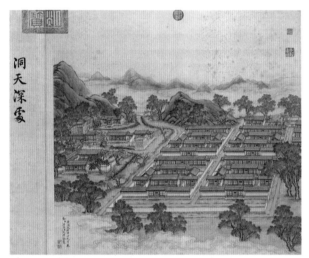

图19　圆明园四十景·洞天深处（槐树植于堤岸两侧，增添堤岸层次）

图17　圆明园四十景·北远山村
（槐树与假山相互成景，既作山石背景又作建筑前景）

图20　圆明园四十景·濂溪乐处
（槐树植于堤岸两侧，增添堤岸层次）

图21　圆明园四十景·多稼如云

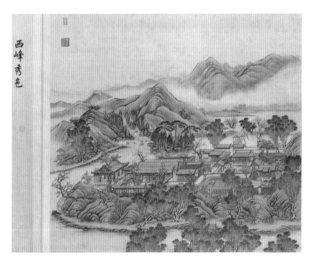

图22　圆明园四十景·西峰秀色

图23　西洋楼二十景·养雀笼

图24　西洋楼二十景·海晏堂南

图25　西洋楼二十景·海晏堂北

图26　醇王府花园南湖景观（图片来源：参考文献［18］）

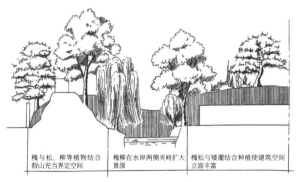

图27　醇王府南湖植物景观分析图（作者自绘）

35

3.3　营造空间"天人合一"之境

中国园林文化悠久，植物造景从最初欣赏植物外在形态美升华到欣赏其内在意境美，以达到"天人合一"之境[18]。槐树景观在漫长的历史进程中被赋予丰富的文化内涵，在园林中，可通过色、形、意等形式营造空间意境。

3.3.1　以色营境

槐叶除绿化、遮阴等作用外，还是重要的审美对象。槐树作为园林中主要荫木植物，可提供大面积的绿荫空间及色彩。槐树绿是中国传统色彩之一，象征着生命，予人宁静、舒适之感，在植物色彩中占据首要位置[19]。以槐树绿为主色调的空间，往往具有静谧清新的环境氛围。如明代太原桂子园的"松槐林"，以暗绿的松柏与四季色彩不同的槐搭配组景，使颜色做到深浅、暗淡的转变，四时之景不同，氛围愈加静谧。

3.3.2　以形营境

槐树苍劲挺拔、卵圆如崿的树形与灰褐色粗质感枝干，令人遐思。宋庆龄故居的凤凰槐，其西面树干崛起向阳，枝条屏散，羽状叶十分丰满，东面树枝则匍匐于地，形似振翅欲飞的凤凰（图28）。所谓"雕栋飞楹构易，荫槐挺玉成难"，槐为园林增添古朴却新生的氛围，以凤凰为名，赞其形亦颂其志。

3.3.3　以意营境

槐早在西周已被视作仁德的象征，此外，古人认为槐树有据恶引善的功能，具有"怀人"之德。游人于槐树景观内，精神与槐树文化内涵相碰撞，形成自然景象与精神世界相互融合的境界[20]。

文人造园以槐表政治追求，明代拙政园中的槐雨亭，唯其以园主之号"槐雨"为名。《园记》载："篁竹阴翳，榆樱蔽亏，有亭翼然，西临水上者，槐雨亭也。"以植物疏密充当幕帘，软化建筑，使其融合在意境中（图29）。植物与建筑互为联系、互为掩饰，在空间的藏与露之间，境界愈加含蓄、意趣更为无穷。

园林意境被喻为"凝固的诗、立体的画"，诗和自然相结合的景题方式是我国造园艺术中独有的，匾额楹联是这一意境的表现方式之一。陕西韩城杨洞巷王姓门额为"绿槐第"，取槐树常绿、人生不老，门前栽槐、后代兴旺之意（图30）。清天水胡氏古民居——南宅子的后正大厅上匾额为"槐荫蔽芾"，是乾隆时胡氏后人胡镐所题，赞扬祖先深厚阴德庇护后代（图31）[21]。宣统年间，程颂万任岳麓书院学监，于书院二门后屋檐下题写匾额——"潇湘槐市"，愿书院人才之盛，有如汉代槐市（图32）。此类以槐为主题的匾额大多体现古人以槐祈福表德的思想，通过匾额的标示将槐树文化融入建筑庭院中。

图29　拙政园三十一景图·槐雨亭

图30　"绿槐第"匾额（图片来源：作者自摄）

图31　"槐荫蔽芾"匾额（图片来源：作者自摄）

图28　宋庆龄故居（醇王府花园）凤凰古槐
（图片来源：http://www.360doc.com/content/12/0121/07/13005549_933010666.shtml）

图32　"潇湘槐市"匾额（图片来源：作者自摄）

4　明清园林中槐树景观空间营造的精神内涵

4.1　象征忠信仁义

槐具有忠诚、仁义等含义，首先与其树形高大有关，《中华本草》释："槐之言鬼也，槐树高大，故以高为名。"高大树木令人产生崇敬之感。其次，槐树是"三公"的象征，具有崇高的政治寓意。《左传》载，晋灵公因大臣赵盾多次劝谏而感厌恶，遂派刺客暗杀。刺客见赵盾是正直良臣，便陷入"杀则不忠于国，不杀则失信于君"的两难境地，最终触槐而亡。作为刺客，手握刀刃却选触槐，正是以槐明志，证其忠信之义[22]。成都武侯祠和五丈原诸葛亮庙均遗存明清所植古槐，后者甚有一株"结义槐"，此槐三分叉而为一体，自然天成，暗喻刘关张三结义，象征诸葛亮与蜀汉江山同在的忠义（图33）。

4.2　寄寓政治追求

隋唐科举时节正是槐树花期，加之"三公槐"的寓意，槐花遂被视作科举考试的象征，考试年份称"槐秋"，月份称"槐黄"，举子赴考称"踏槐"。"槐花黄，举子忙"描述的便是学子备考的情景，槐作为古代官位的代名词备受文人青睐以求仕途亨通[23]。关中书院是明清两代陕西的著名学府，书院讲堂允执堂前对植四棵高大槐树、两棵皂角，书院历经百年兴衰浮沉，但古树始终为代代学子遮阴挡雨（图34）。

4.3　表达吉祥思想

槐树自古有祭祀土神、祈吉纳福的功能。朝堂上，枝繁叶茂的槐树被赞为"良木""美树""奇树"，曹丕、曹植、王粲等都有《槐树赋》传世，寄予槐安天下的美好寓意。在民间，槐树被称为"改火"之木，自古有烧槐辟邪的习俗和"门前有槐，幸福自来"的俗语。从造字看，《说文解字》释义："槐，木也，从木，鬼声。"在自然崇拜的时代，"老槐有灵"的观念随之产生，人们相信槐树可沟通鬼神[24]。北京国子监彝伦堂西侧的拐角处有一古槐，乾隆时期，枯死多年的老槐长出嫩芽，当日恰是慈宁太后的六十大寿，由此人们认为是吉祥预兆，故名为"吉祥槐"（图35）。

图33　诸葛亮庙鼓楼前的"结义槐"（图片来源：作者自摄）

图34　关中书院允执堂前古槐景观（图片来源：作者自摄）

图35　国子监内的"吉祥槐"（图片来源：作者自摄）

5　结语

　　明清传统园林中槐树种植普遍，种植方式多样。一方面，槐树能起蔽日遮阴、引风送爽的消夏作用；也可予以"槐绿低窗暗，榴红照眼明"的视觉享受；还能营造"槐花满院气，松子落阶声""庭前槐树绿阴阴，静听玄蝉尽日吟"的清幽之境。另一方面，反映出古人在君子比德、崇文重教、祈福纳吉等多种思想文化作用下的群体意识。现代园林建设中，不能一味看重新颖而盲目引进外来树种，应大力发展中国传统植物，增强文化自信，这样的园林才是民族的、有生命力的[25]。弘扬槐树文化的同时，也应将其与当代审美紧密结合，发展具有民族特色和时代特征的槐树文化。

参考文献

[1] 鲍戈平，翁子添."槐荫当庭"：明清江南造园中的庭荫树 [J] .中国园林，2014，30（09）：67-70.
[2] 陈一山，郭金涛，陈勇 .国槐的文化内涵及其园艺品种 [J] .北京林业大学学报，2001，23（S2）：86-88，149.
[3] 孙昱，彭祚登 .国槐的历史文化与价值研究 [J] .北京林业大学学报（社会科学版），2018，17（02）：23-31.
[4] 魏收 .魏书：55 卷 [M] .北京：中华书局，2017：1340-1341.
[5] 关传友 .论中国的槐树崇拜文化 [J] .农业考古，2004（01）：79-84.
[6] 周维权 .中国古典园林史 [M] .北京：清华大学出版社，2008：255.
[7] 王欣 .传统园林种植设计理论研究 [D] .北京：北京林业大学，2005.
[8] 邓洁 .汲古出新：论明清江南园林文化特征的形成 [J] .古建园林技术，2005（04）：27-31.
[9] 陈淏子 .秘传花镜 [M] // 续修四库全书：第 1117 册 .上海：上海古籍出版社，1995：304.
[10] 潘春华 .漫说古代行道树 [J] .甘肃林业，2016（02）：43-44.
[11] 赵兴华 .古代行道树与街道绿化 [J] .城乡建设，1994（03）：40.
[12] 陈从周，蒋启霆 .园综 [M] .新版 .上海：同济大学出版社，2011.
[13] 檀馨，李战修 .圆明园九州景区山形、水系、植物景观的研究及恢复 [J] .中国园林，2009，25（01）：61-66.
[14] 张丹，张楠 .透过《圆明园四十景图》"九州清晏"图看植物造景艺术 [J] .装饰，2013（01）：90-91.
[15] 孙昱，彭祚登 .槐树的历史文化与价值研究 [J] .北京林业大学学报（社会科学版），2018，17（02）：23-31.
[16] 贾珺，黄晓，李旻昊 .古代北方私家园林研究 [M] .北京：清华大学出版社，2019：164.
[17] 王悦，李庆卫 .醇王府花园植物景观特色及保护 [J] .北京林业大学学报（社会科学版），2013，12（01）：45-50.
[18] 苏雪痕 .植物造景 [M] .北京：中国林业出版社，1991：1，19-25.
[19] 陈秋禧，陈炜 .槐树绿在新中式园林中的应用研究 [J] .建筑与文化，2020（04）：115-116.
[20] 郭淑睿 .江南园林植物景观意境营造研究 [D] .南京：东南大学，2019.
[21] 邹丹婷 .简论古建筑中的匾额文化：以天水南宅子为例 [J] .丝绸之路，2016（4）：2.
[22] 柴继红 .槐树的文化内涵及在园林绿化中的应用 [J] .南方园艺，2020，31（05）：66-70.
[23] 刘博 .中国古代"槐文化"探究 [J] .青年文学家，2020，000（33）：41-42.
[24] 许慎 .说文解字 [M] .徐铉，校定 .北京：中华书局，2004：132.
[25] 杨晓东，许婷 .明清时期私家园林中梧桐种植与景点题名意象研究 [J] .风景园林，2021，28（02）：121-125.

作者简介

江诗馨 /1998 年生 / 女 / 汉族 / 江西上饶人 / 长安大学硕士在读 / 研究方向为风景园林历史与理论
岳红记 /1971 年生 / 男 / 汉族 / 陕西商洛人 / 博士后 / 长安大学建筑学院副教授 / 研究方向为风景园林历史与理论、西北文化遗产景观

明魏国公徐达家族的文艺社交与南京园林

Literary and Social Circles of the Family of the Duke of Wei and Classical Gardens in Nanjing in Ming Dynasty

姚在先

Yao Zaixian

摘　要： 明代南京是全国重要的政治文化中心，以公侯贵族、高级官员为中心的文化网络吸引各地的文人前来谋求发展。明中后期，魏国公徐达家族营建的一批园林成为明代南京私家园林的代表，在江南园林中有着极其重要的地位。园林既是园主标榜身份的优游之地，也是文人士子的社交舞台。作为雅好文艺的权贵阶层，园主扮演了文化赞助人的角色，起到了引领风气的作用。

关键词： 徐达家族；园林；赞助人

Abstract: Nanjing was an important political and cultural center in Ming Dynasty, therefore, talents from all over the country flew here for its rich cultural atmosphere. Since the mid-Ming Dynasty onwards, descendants of Xu Da had built several celebrated classical gardens, which came to symbolize private gardens in Nanjing during the Ming Dynasty. The gardens served as hallmarks of the owners' class, places for recreation, as well as platforms of social networking among litterateurs. The owners had played the role of patron, leading the trend in art and literature.

Key words: the noble family of the Duke of Wei; classical gardens; patrons

开国功臣徐达生前被封魏国公，世袭罔替，死后追赠中山王，谥武宁，赐葬钟山之阴，其家族得以世享荣华，"纨袴子孙，凭借宠禄，炫奕陪京，无踰魏国家者"[1]。明中期以来，魏国公家族凭借徐达的宠禄，在南京营建了一批颇负盛名的园林，带动南京园林发展进入一个高峰期。

关于南京古典园林的研究，学界一般更多关注园林历史演变和艺术特色[2]，而对园林的社会功能及其与城市的关系，仍有进一步挖掘与探讨的空间。本文从魏国公徐氏家族的文艺社交活动入手，探讨南京特殊的历史地位对园林发展的影响，重新审视南京在园林史上的意义。

1　园林：社交空间

徐达以军功起家，长子徐辉祖和幼子徐膺绪一系世居南京，另有定国公徐增寿一系定居北京。魏国公嫡系世袭爵位，出任南京守备，掌管南京军务；"支庶皆荫锦衣卫指挥"[3]，故家族成员为官者多担任武职。然而，与徐家关系密切的皇甫汸观察到，"延至中叶，始知说礼乐、敦诗书，彬彬乎多儒雅士矣"[1]。考魏国公家族成员的传记及墓志，此类积极参与文艺社交活动的记载确实不少。如徐伯宽墓志记其虽选为武庠生，但"喜读书""锐意文学"[4]。徐世礼墓志记载其"与诸儒生结社为文，屏去纨绮，修雅素之操"[4]。徐膺绪一系的徐京，与顾璘、顾琛、陈沂、王廷相、蔡羽、王宠、皇甫汸、皇甫涝等人"为词翰友，赋诗唱和"[5]。可以看出，重视文教逐渐成为新的家族风尚。

不仅如此，徐氏家族还直接参与了文艺社交场域的建构。正嘉年间，江南地区筑园之风渐起。在南京，开风气之人当属魏国公徐俌少子徐天赐。据正德《江宁县志》记载，正德三年（1508年），徐天赐将原先徐达长女、仁孝皇后赐予徐家的蔬圃精心拓建，称东园[6]。王世贞在《游金陵诸园记》中评价为金陵诸园中"最大而雄爽者""壮丽为诸园甲"[7]。

据《游金陵诸园记》所记，魏国公家族成员陆续营建了共11处园林。徐天赐将东园传给其子六锦衣徐缵勋，又将其凤台园分为两处，一处予三锦衣，称北园，一部分予四锦衣，称西园或凤台园。三锦衣另有凤凰台，四锦衣另有丽宅东园。另外6座为第七代魏国公徐鹏举时营建，分别为西圃、南园、万竹园、金盘李园、徐九宅园、莫愁湖园。由于园主特殊的政治地位，这批园林不惜工本，建筑高大，叠山繁复，具有极高的园林艺术价值[8]。

另一方面，园林的社交功能更加凸显。徐天赐自号"中山王孙东园徐天赐"，人称"东园公"，为人"能文章，喜宾客"[3]，时常与一些文人雅士逍遥东园内。每逢春秋换季，或佳节灯会之际，更有文人结伴纷至，赋诗作文。嘉靖三十三年（1554年），值徐天赐70岁寿辰，"南都诸大夫之伦，故尝从东园公游者，咸以其诞日，集东园公第而贺东园公"[9]，这次宴会规模盛大，来宾甚多，宴饮极尽奢华，堪称南都的一次盛会（表1）。

西园同样大小宴会不断，"南都缙绅大夫之伦好游者，恒曳履于东西两园之间。今日东园宴，明日又西园宴，或连十数日皆有宴。"[10]如王鸿泰所论，明中后期以后，科举拥塞，上升通道狭窄，大量士子"滞留于科举底层"，而城市意味着更多生存的机会，于是"他们以城市为据点展开频繁的交游活动，从而交织出紧密的社交网络"[11]。此时园林少了一分隐逸的意味，而成为文人士子的社交舞台。

2　勋戚：文艺赞助

《松陵人物汇编》曾载松江画家陆复的一件轶事：

陆复……善画梅，自号梅花主人，尝至金陵，用黄纸题门自鬻。魏国公出见之，讶其僭越，妄执之。复谢曰：愚民不识禁忌。因问何能，对曰：能写梅耳。命画于粉壁，高数仞，复染翰操管，顷刻而成。公大喜，赏之，更加礼为，由是名重留京[12]。

按照陆复活跃画坛的时间推算，文中提到的魏国公极有可能是第七代魏国公徐鹏举，或许是因为身负南京守备的职务，本打算对陆复违反治安管理的行为加以惩治，却发现他画梅的高超技能，大为赞叹，自此陆复名声大振。魏国公不但懂得欣赏艺术，并且他的"宣传"直接改善了画家的境遇。

魏国公徐氏家族在文艺社交中扮演的角色，或可视为"文化赞助人"。有此实力者，除了魏国公徐鹏举之外，还有前述东园公徐天赐。相较于其他家族成员，徐天赐得到的描写东园景色及赞颂他本人的诗作数量最多，在这些诗作中他常被形容为以礼贤下士著称的信陵君①。徐天赐对与其结交的宾客，无论身份高低，均能予以相当的尊重乃至资助，"凡宦于留都者，不问地之散要，公皆折节致敬，送往迎来。岁时伏腊，宴饷馈问如礼。"[10]正因为他的"下士好客""士以此多焉"[9]，他身边的一群文人，如吴承恩、文徵明、何良俊、徐霖，虽仕途不显，但在文艺界拥有崇高的声望。他们留下的作品，成为能够给园带来荣耀的"纪念"，园主可以将其不断地"向客人们展示，引起众人欣赏和赞叹"[13]，以显示园主的地位。赞助人通过自己的权势和身份换取了"贤者"的名声，与被赞助人结成了互相需求的关系，"以故缙绅君子乐与公游，而公亦乐与缙绅君子相存谢也。"[14]

文化赞助人需要雄厚的经济实力和闲暇的时间，才

表1　徐天赐七十寿辰贺诗一览表

姓名	简介	诗作名称	来源
尹台（1506—1579）	字崇基，号洞山，永新（今江西永新）人。嘉靖十四年（1535年）进士，官至南京礼部尚书	《寿徐东园锦衣七十》	《洞麓堂集》卷九
许榖（1506—?）	字仲贻，号石城，应天府上元人。嘉靖十四年（1535年）进士，官至南京尚宝司卿	《东园公七十寿歌》	《许太常归田稿》卷二
何良俊（1506—1573）	字元朗，号柘湖居士，华亭（今上海松江）人。嘉靖贡生，特授南京翰林院孔目	《奉寿东园徐公七十》	《何翰林集》卷五
王维桢（1507—1555）	字允宁，嘉靖十四年进士，擢庶吉士，累官南京国子祭酒	《寿东园公七十序》	《槐野先生存笥稿续集》卷六
吴承恩（1500？—1582？）	字汝忠，号射阳，山阳（今江苏淮安）人	《广寿》	《射阳先生存稿》卷三
何良傅（1509—1563）	字叔皮，号大壑，嘉靖二十年（1541年）进士。何良俊之弟	《东园徐公七十寿序》	《何礼部集》卷五

---

① 如尹台《寿徐东园锦衣七十》："异姓王孙今代闻，风期千古信陵君。"王世贞《同群公宴徐氏东园二首》："信陵虚有夷门地，指点蓬万说魏宫。"

能负担如此规模和频率的社交活动。魏国公拥有世袭爵位、出任南京守备、入国子监读书等诸多特权。徐俌是明代唯二加太子太傅衔的魏国公之一，地位尤其崇隆。徐天赐非嫡子，但徐俌嫡子璧奎和次子应宿均早卒，徐俌对幼子天赐“实钟爱焉”[14]，曾上书“请以其子天锡为勋卫”[15]，徐天赐得以拜官南京锦衣卫指挥佥事，并且因系特旨升级，在之后的冗官裁员中躲过一劫。东园原属其侄魏国公徐鹏举，徐天赐大兴土木后便占为己有，“志不归也”[7]，徐鹏举亦无可奈何。明代南京本地文人周晖《金陵琐事》中误以魏国公称呼徐天赐，侧面反映出徐天赐的权势之盛。

进一步分析，徐氏家族成员在艺文圈中的地位与其政治身份存在着正相关的关系。魏国公旁系则政治资源有限，仅徐膺绪嫡系可以世袭南京锦衣卫指挥佥事的军职，其余人则只能靠自身能力。相较而言，徐膺绪一系在南京无值得称道的园林，处于南京艺文圈中较为边缘的位置，更谈不上赞助人。

顾璘曾称赞明初开国功臣后人“有英雄之流风”，尤其是中山王徐达和黔宁王沐英两大家族，表示“乐与之交无厌也”[16]。有明一代，像徐达家族一样得以与大明王朝相始终的功臣家族寥寥无几，“一门两国公”更为绝无仅有的一例。圈中文人竭力与徐家结交，徐达第一勋臣的地位是另一个重要因素①。徐达后裔享受荣宠，皆来自中山王的庇荫，被赞助者歌颂徐天赐的贤德，某种程度上是在歌颂徐达的贤德。如果说官员学者的文化赞助依靠的是“城市徭役和官员特权”[17]，公侯的赞助则在此基础上多了一层名门的滤镜。

3　南京：文化中心

明中期起，南京和吴中两地人文趋向兴盛，文人之间形成了交错复杂的交游网络，且很多重要人物都与魏国公家族有着或多或少的交往，这一互动关系反映在《东园图》和《鞠燕图》两幅书画中。

文徵明《东园图图卷》，故宫博物院藏，集诗书画于一体，画卷包括徐霖题“东园雅游”四字、文徵明所绘东园图、陈沂行书《太府园宴游记》和湛若水楷书《东园记》两篇文章，为嘉靖九年（1530 年）陈沂即将离开南京，友人为其送行，雅集于东园时所作。

《鞠燕图卷》，南京市博物馆藏，图卷引首为文彭隶书“鞠讌”，后为王逢元所绘菊石图，绢本墨笔，以及蔡羽行书《顾东桥菊宴诗序引》。后依次为蔡羽、徐霖、罗凤、许隚、陈沂、顾璘、顾瑮的题诗。其为嘉靖十四年（1535 年）秋九月在南京青溪息园顾璘别墅赏菊宴会上所作。对比两幅图卷，所绘雅集都发生在园林之中，并且都有着同一群文人的身影（图 1）。

《明史》对明代艺文风气流变评价：“徐霖、陈铎、金琮、谢璿辈谈艺正德时，稍稍振起。”徐霖在《东园图图卷》中题字，在《鞠燕图卷》中题诗，与徐家来往密切，曾为徐世礼夫人篆刻墓志铭，东园中“世恩楼”

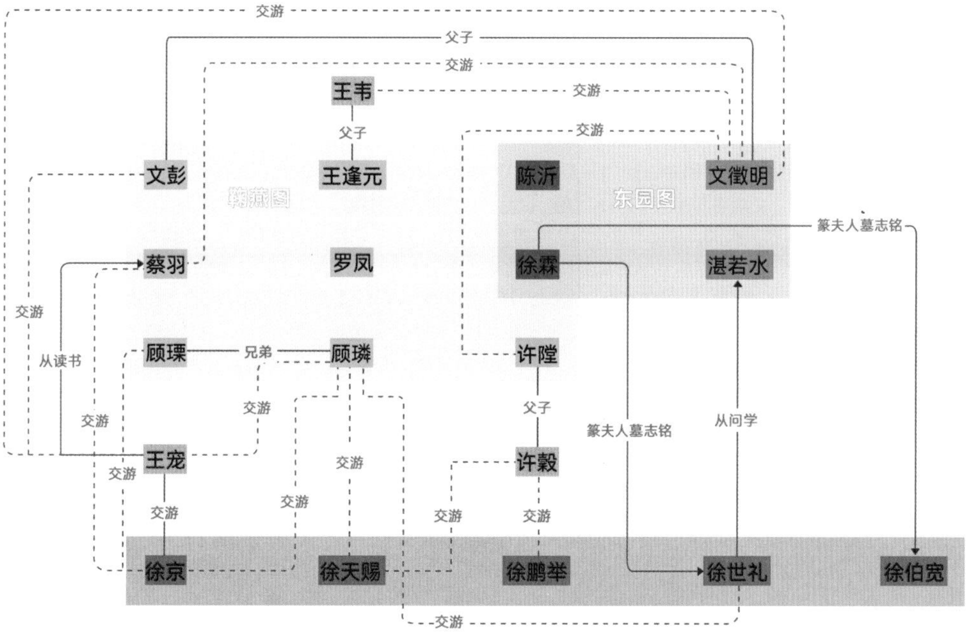

图 1　《鞠燕图卷》与《东园图图卷》中人物关系图

① 如许穀《魏国笃轩公七十寿诗二十四韵》：“当代推元佐，中山第一功。万年延厚禄，七叶见明公。”杨一清《东园徐君天赐近有弄璋之喜予不得从汤饼宴之会为作五言长律》：“今代元勋胄，中山第一人。仍孙踵前武，文采耀青春。”

匾额也为其所题。在他的一幅书法《演连珠》（故宫博物院藏）中，落款"吴郡徐霖奉为东园公书"，亦提示了徐天赐赞助人的身份。

文徵明接续吴宽、王鏊而执吴门牛耳，"主风雅数十年"[18]。他多次来到南京参加乡试，与《鞠燕图卷》中的多位文人都是密友，其子文彭亦与南京艺文圈往来甚多。

顾璘是公认的文坛领袖，弘治九年（1496年）进士，官至南京刑部尚书，"自璘主词坛，士大夫希风附尘，厥道大彰。"[18]他与陈沂、王韦（1471—1526年）并称"金陵三杰"或"金陵三俊"，推动金陵文化迎来"初胜"。顾璘曾为徐天赐所编《东园雅集诗》作序，极尽赞美，并且与徐京有交游往来，徐世礼墓志及徐伯宽夫人崔氏墓志为顾璘所撰写。以顾璘、王世贞为代表的高级官员，多是进士出身，文采过人，在文坛拥有极高威望。他们有的官至尚书，地位显赫，事简乏权。此时的文艺社交已经不单纯是为了获取政治资源，而更多是一种"官场文化"[17]的体现，即追求风雅、雅致，力求突出自己身份的特殊性。

虽然吴地艺文独领风骚，留都南京的名利场仍有着难以取代的资源。南京有留都的中央机构、有三年一次的科举乡试、有丰富多彩的城居生活、有繁盛的书籍出版，更有山水城林融为一体的自然风光，形成了"一个以高级官员、致仕官员、公侯子弟及底层士绅构成的文化精英集团"[19]，吸引各地的文人士子前来谋求发展，以期转换为物质回报或者上升通道，"故今之仕宦者，莫不以留都为乐"[20]。

4　结语

有学者指出，"支撑晚明南京艺文圈不断发展壮大的，是文化赞助人与被赞助人之间的互动"[17]。关于明代的文化赞助，既有研究多集中于官员学者和商人，较少涉及公侯。事实上，以魏国公家族为代表的权贵阶层，以文化赞助人的身份推动了文人士子间的集会交游活动，促进南京艺文圈的繁荣发展，徐氏家族园林正是其中一个重要的社交中心。

明正德至万历年间是徐氏园林发展的鼎盛时期，万历以后则开始走向衰落。王世贞《游金陵诸园记》写于万历十六年（1588年）前后，当时所见凤台园等园林已有衰败之迹象。等到晚明吴应箕在南京访寻时，"去弇州时未百年"，却发现"弇州所记锦衣之东西诸园、魏国之西南诸园、齐王孙之开春园、武定侯之竹园，共十有六处，今或圮或废，或易主"，[20]园林已经留存无多。随着园林的衰落，魏国公家族在南京艺文圈逐渐边缘化，秦淮旧院正在逐渐成为晚明南京新的文化地标。

参考文献

[1] 皇甫汸.皇甫司勋集[M] // 文渊阁四库全书：1275册.台北：台湾商务印书馆，1986：856.

[2] 史文娟.王世贞笔下的16座南京名园（1588—1589）考略[J].建筑师.2017（2）：30-47.

[3] 陈作霖.凤麓小志[M] // 金陵琐志九种.南京：南京出版社，2008：64.

[4] 南京市考古院.南京林业大学明代徐达家族墓发掘简报[J].文物，2018（5）：44-56.

[5] 顾起元.客座赘语[M].南京：凤凰出版社，2005：209.

[6]（正德）江宁县志[M] // 金陵全书（甲编·方志类·县志13）.南京：南京出版社，2012：341.

[7] 王世贞.弇州山人续稿[M] // 文渊阁四库全书：1282册.台北：台湾商务印书馆，1986：834-844.

[8] 史文娟.明末清初南京园林研究：实录、品赏与意匠的文本解读[M].南京：东南大学出版社，2020：268.

[9] 王维桢.槐野先生存笥稿[M] // 续修四库全书编纂委员会.续修四库全书：1344册.上海：上海古籍出版社，2002：76.

[10] 何良傅.云间两何君集·何礼部集[M] // 胡晓明，彭国忠.江南家族文学丛书 上海卷（上）.合肥：安徽教育出版社，2012：335.

[11] 王鸿泰.浮游群落：明清间士人的城市交游活动与文艺社交圈[J].中华文史论丛.2009（4）：113-158.

[12] 潘柽章.松陵文献[M] // 四库禁毁书丛刊编纂委员会.四库禁毁书丛刊：史部第7册.北京：北京出版社，1997：112.

[13] 高居翰，黄晓，刘珊珊.不朽的林泉：中国古代园林绘画[M].北京：生活·读书·新知三联书店，2012：61.

[14] 郑晓.端简郑公文集[M] // 四库全书存目丛书编纂委员会.四库全书存目丛书：集部第85册.济南：齐鲁书社，1997：244.

[15] 明武宗实录[M].正德七年十月乙丑条，1964：1982.

[16] 顾璘.息园存稿文[M] // 文渊阁四库全书：1263册.台北：台湾商务印书馆，1986：493.

[17] 罗晓翔.陪京首善：晚明南京的城市生活与都市性研究[M].南京：凤凰出版社，2018：21，338，326-328.

[18] 张廷玉.明史[M].北京：中华书局，1974：7363，7356.

[19] 罗晓翔.城市生活的空间结构与城市认同：以明代南京士绅社会为中心[J].浙江社会科学，2010（7）：85-94.

[20] 吴应箕.留都见闻录[M].南京：南京出版社，2009：15.

作者简介

姚在先 /1992年生 / 女 / 江苏南京人 / 硕士研究生 / 文博馆员 / 明清史 / 太平天国历史博物馆、南京大学历史学院

清代圆明园御船命名文化探究

A Study on the Royal Boat about Naming Culture in the Qing Dynasty of The Yuanming Yuan

王　琳　王　雪　崔　山

Wang Lin　Wang Xue　Cui Shan

摘　要：圆明园是以水路游观为主的古代皇家园林，而御船作为水路游观的载具具备丰富的命名形式。圆明园御船主要包括御用游船与随侍船两类，其中御用游船大多以诗意命名的形式形成船只名称。本文借助样式雷图档与御制诗词等史料，从船只尺寸、船只类型和船只名称三个方面，对圆明园御船命名体系加以分析，并总结出与园林命名存在同构关系、密切关联水体游观感知和文化原型取材多元广泛的御船命名特征，以期对圆明园御船命名文化的保护与发展作出借鉴。

关键词：园林文化；圆明园；御船；水路游观

Abstract: Yuanming Yuan is an ancient royal garden that mainly focuses on waterway tour, and the royal boat, as a vehicle for waterway tour, has rich naming forms. The Yuanming Yuan royal boat mainly includes two types: tourist boats and accompanying boats, among which the tourist boats are mostly named in a poetic form. Based on historical materials such as Yangshilei Archives and imperial poems, this paper analyzes the naming system of royal boat in the Yuanming Yuan from three aspects: boat size, boat type, and boat naming. It summarizes the characteristics of royal boat naming that have isomorphic relationships with garden naming, are closely related to waterway tour perception, and cultural prototypes are diverse and extensive. It is hoped to provide reference for the protection and development of the royal boat naming culture in the Yuanming Yuan.

Key words: garden culture; Yuanming Yuan; royal boat; waterway tour

　　圆明园是一座以水景为主的大型山水园，是我国皇家园林平地造园的代表作。圆明园水路纵横交织，水体景观丰富多样，各处码头、船坞、水闸星罗棋布，为圆明园水上交通提供了完备的基础设施。水路游观是清帝在圆明园内最常采用的游览方式，也是圆明园山水园林空间的独特显现。御船是清帝进行水上交通与游览的载具，也是历代清帝进行多次南巡活动的重要依托，而受

制于实物遗存及样式雷图档较少，研究以史料记载与绘画图像为主，研究数量较少。借助清帝御制诗、样式雷图档等的记载，当前研究主要集中在御船数量[1-2]、仿舟建筑[3-4]、御船设计[5-6]和水路游观[7-8]等方面。受制于研究文献的来源，不同学者对圆明园御船数量的统计仍存在差异。综合来看，对于御船的史料留存、尺寸结构及诗词感知等内容的研究不断深入，但仍然缺乏园林

基金：国家社科基金项目（编号20BZS118）

文化视角下对御船命名文化的探究。御船作为圆明园水路游观的关键载具，解析命名文化与御船类型、水体造景之间的联系，以及御船命名和园林命名的差异，对于理解圆明园水路游观和园林文化，并推动保护与传承古代园林文化具有重要价值。

1　圆明园御船概述

雍正帝《圆明园记》最早从造园角度提及了圆明园中的水上游览活动，其中写道："春秋佳日，景物芳鲜，禽奏和声，花凝湛露，偶召诸王大臣从容游赏，济以舟楫，饷以果蔬，一体宣情，抒写畅洽，仰观俯察，游泳适宜，万象毕呈，心神怡旷……"[9] 乾隆帝在《圆明园后记》中进一步总结出"游观"的空间指向，即"夫帝王临朝视政之暇，必有游观旷览之地"[10]。至此，圆明园建园初期的雍、乾二帝，以水路游观架构起圆明园水体景观感知的特殊方式。

船只图属于样式雷图档中特殊的一类，目前存有 150 余件样式雷御船及船坞相关样式雷图档，大部分为设计过程中的草稿，其中与圆明园船只载具相关的图档为 76 件[11]。圆明园内水路纵横，清帝驻跸时多以泛舟游览各处景点为主，在清代宫廷绘画中进行了细致的描绘（图1）。皇帝及皇室成员所乘船只载具，又称作御舟、御船等。

据《清会典》记载，乾隆时期圆明园中有将近两百艘船只（表1）："乾隆十六年奏准，圆明园船大小共一百八十四只，系内监经管，向由奉宸苑奏请修理，嗣后由本园每年按时自行奏请修理。"[12]"其藏船坞内履安舸一，翔凤艇一，太液朱鹭船一，书画船一，卧游书室船一……"[13]

图1　《十二禁御图·林钟盛夏》（局部）（图片来源：故宫博物院藏）

嘉庆朝时，据嘉庆十五年五月二十七日《奉派查工内务府司员复查绮春园工程银两呈堂稿》记载，圆明三园内：修艌大小船 196 只[14]。

道光时期，据道光十一年二月十四日《工程做法细册不分卷》二百一十四册记载，圆明三园共有船只 179 只。

综合上述内容，可以对圆明三园的船只数量进行归纳总结（表2）：

表1　乾隆时期御船统计

园林名称	御船类型	船只数量		数量占比	数量合计
圆明园	扑拉船	48	144	78.2%	184
	牛舌头船	36			
	版船	9			
	龙船	9			
	其他	42			
长春园	牛舌头船	8	20	10.9%	
	扑拉船	7			
	其他	5			
绮春园	牛舌头船	10	20	10.9%	
	扑拉船	6			
	其他	4			

表 2　圆明园御船统计

园林时期	乾隆	嘉庆	道光
船只数量	184	196	179

2　圆明园御船命名体系

2.1　船只尺寸

结合《清代工程做法细册》、内务府档案及现存样式雷御船图档题注等内容，对圆明园船只尺寸进行梳理。档案内容对船只各部分尺寸均有所记录，但不同船只记录的细致程度差异颇大。档案中记录的内容主要包括船只的名称、样式、通长、头宽、中宽、尾宽、舱深，及抱厦、卷棚、平台、船室、牌楼、舱亭、船篷等船只部位的相关间数、面宽、进深、柱高等。其中部分档案还

记录了船只当中足踏、宝座床、栏杆、竹席鼓棚、盖板、落地罩、碧纱橱等船只细节的高度、位置、数量等内容。

综合船只尺寸的记录来看，大多对船只的通长、头宽、中宽、尾宽和舱深均有记载，而船高数据与船体上部建筑层数及桅杆高度相关，需要针对具体的船只详加讨论。因此整理时首先选取通长、头宽、中宽、尾宽与舱深 5 项数据，考虑到数据的完整性要求，选取包含五项数据内容的 27 艘船只，对相同数据进行合并，并按照清代营造尺（1 尺 =320mm）进行换算。结果整理如下（表 3）：

对御船各项尺寸进行比较可以发现（图 2），船只通

表 3　圆明园御船尺寸

序号	船名	通长（mm）	头宽（mm）	中宽（mm）	尾宽（mm）	舱深（mm）
1	翔凤艇	26560	2976	5184	3840	1376
2	怡静舫	20800	2720	3840	3040	1440
3	怡静舫	18816	2048	3744	2560	1280
4	如坐天上舟	18368	2560	4000	2944	1120
5	扑拉船	11200	1600	2240	1920	640
6	镜清航	11200	1600	2240	1920	640
7	安济航	11104	1440	2400	1856	640
8	月波舻	10880	1504	2400	1728	320
9	四罩船	10880	1440	2400	1760	768
10	扑拉船	10880	1376	2176	1696	704
11	两卷四罩船	10880	1440	2400	1760	768
12	般若观	10688	1376	2272	1760	544
13	平台船	10560	1744	2240	2080	960
14	绿油船	10560	1744	2432	1904	960
15	青雀舫	10240	1376	2272	1728	560
16	主位船	9600	1744	2432	1913.6	960
17	扑拉船	9600	1440	2176	1696	704
18	绿油船	9600	1440	2624	1856	384
19	扑拉船	9568	1600	2304	1728	512
20	苹乡舸	9280	1504	2592	2016	704
21	宝座楼子船	9280	1664	2400	1952	640
22	两罩船	8960	1440	2304	1696	704
23	镜中游	6496	1376	2400	1612.8	435.2
24	小快船	5760	800	1440	1152	512
25	大快船	5760	800	1440	1152	512
26	茶膳船	5760	800	1440	832	512
27	小快船	4160	800	1280	896	320

长的数据值均最大，且通长数值与其他4项数值呈现较为明显的正比关系，即通长数值较高，其余4项数值也普遍较高，因此通长数值对于划分船只尺度大小具有代表性。

图档进行题注的内容主要集中在船只平面尺寸当中，借助样式雷图档的船只通长尺寸等数据，对样式雷图档按照比例进行复原分析，从而形成圆明园御船的立面复原对照（图3）。

2.2　船只类型

圆明园御船尺度主要分为：12000mm以上的大型船只、7000～12000mm的中型船只和7000mm以下的小型船只。依表3中数据来看，中型船只占到全部统计数量的2/3，是圆明园御船尺度的主要类型。大型船只包括：翔凤艇、怡静舫、如坐天上舟等，中型船只有扑拉船、镜清航、平台船、绿油船等，而小型船只则以小快船、茶膳船为主。

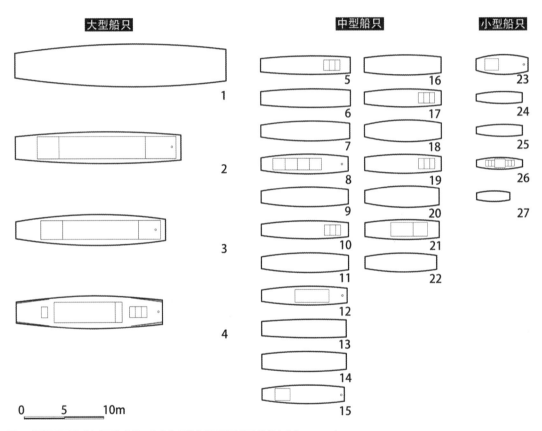

图2　御船平面图对比（图片来源：作者依据样式雷图档及题注数据自绘）

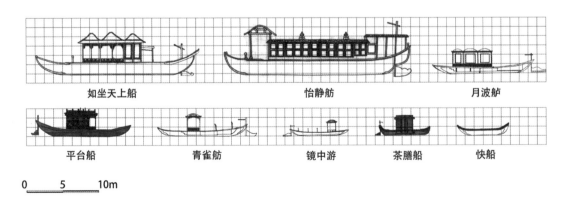

图3　御船立面图对比（图片来源：作者依据样式雷图档自绘）

圆明园御船数量众多，而这些御船可以依照使用功能、船只尺寸、船只上部船室形制进行划分（表4），从使用功能上主要划分为皇室游船和随侍船只[6]。

2.3　船只名称

从圆明园游船的名称上来看，主要分为诗意名称、结构名称和功能名称3种（表5），从中可以看出御用游船主要采用前两种命名方式，而随侍船多以简单的功能加以命名，如茶膳船、扑拉船等。

通过对圆明园御船名称的研究，御船以诗意名称为主，从中可以提炼出镜子、祝福、天象、建筑、动植物和仙境6类文化原型（表6），不同的文化原型与船只造型、船只形制、水体景观、水路游观等内容相互渗透，并形成单一型和组合型两类主要的船只名称。单一型命名船只，多与某一类文化原型相关，命名时以文化原型为基础延伸形成船只名称，而组合型多采用两类以上的文化原型融合形成内涵丰富的船只名称。

表4　圆明园御船类型

船只尺度	船只功能	示例	船室形制	船只尺寸（mm）			
				通长	头宽	中宽	尾宽
大型	御用游船	如坐天上舟	单层或多层楼殿式	＞12000	＞2000	＞3000	＞2200
中型	御用游船	般若观	一座或多座船亭式	7000～12000	1000～2000	1600～3000	1500～2200
		平台船	双层殿式				
		青雀舫	单层单亭式				
		宝座楼子船	宝座床单层楼式				
		两卷四楟船	单层殿式				
	随侍船	扑拉船	单层单亭式				
小型	御用游船	镜中游	单层单亭式	＜7000	＜1000	＜1600	＜1500
	随侍船	茶膳船	单层单亭式				
		快船扑拉船	无船室				

表5　圆明园御船命名方式

序号	命名方式	船只功能	船只尺度	命名示例
1	诗意名称	御用游船	以大中型为主	如坐天上舟
2	结构名称		以中型为主	宝座楼子船
3	功能名称	随侍船	以中小型为主	茶膳船

表6　圆明园御船命名文化

序号	文化原型	文化寓意	诗词感知	船只名称	
				单一型	组合型
（1）	镜子	水面如镜子一般清澈倒映	道光八年（1828年）《恭侍皇太后泛舟至蓬岛瑶台作》：飞阁从知云外赏，轻航恍讶镜中过[15] 416	镜中游 镜清航	载月舫（3）（4） 浮汉楼（3）（6） 蓬岛游龙（5）（6） 般若观（4）（6） 平安月镜居（1）（2）（3）（4）
（2）	祝福	美好的生活寄托	道光九年（1829年）《恭侍皇太后雨后泛舟至如园作》：雨足芳园霁色新，同乘安济航永娱亲[16] 106	如意舟 安济航	
（3）	天象	水面如同天空，船只如同月亮	嘉庆元年（1796年）《秀清村即景书怀》：泛舟坐天上，俯仰多怡情[17] 41	月波舻 紫霞舟 飞云船 如坐天上舟	
（4）	建筑	船只造型借鉴建筑样式	乾隆三十八年（1773年）《水村图》：舟号卧游室，水村便展图[15] 249	卧游书室船	
（5）	动植物	船只如水中的游鱼、天空中的飞鸟	嘉庆二年（1797年）《泛舟过鸣玉溪》：才过白苹渚，重泛木兰船[15] 102	青雀舫	
（6）	仙境	水体悠远、辽阔而神秘	道光四年（1824年）《观澜堂》：放舟安乐渡，神岛在人间[17] 19	—	

3　命名特征

3.1　与园林命名存在同构关系

从船只命名的字数来看，以三字格的形式为主，典型的命名方式是采用"文化原型＋船"的形式，如：如意舟、月波舻、青雀舫等，大多以文化原型加以引申，同时搭配船的各类同义名称。船只名称是进行船只识别的主要方式，但也存在多艘船只同一名字的现象，如船只尺寸统计中的两艘怡静舫，二者船体各项数据均存在明显差异。船只的命名形式与园林中的建筑、桥梁、假山等命名形式相比，存在命名形式的统一性。尤其结合建筑文化原型的命名方式，几乎与园林建筑的命名如出一辙。对比船只的船室形制也可以发现，船室的屋宇形式大多移植于皇家建筑的形式，仅在开间、进深上为了满足船只空间加以缩小。从清宫档案及御制诗记载来看，不同船只在船室形制上具有相似特征，存在以牌坊、亭、屋室等建筑单体组合形成船室的类型组合。

3.2　密切关联水体游观感知

不同名称的船只在圆明园当中的行驶区域，与各景点水路游观感知的园林意境相互映衬。以卧游书室船为例，乾隆时期的《水村图》一诗，描绘了乘坐卧游书室船行驶在北远山村水村图一处的游观感知，诗中提及："舟号卧游室，水村便展图。自然饶气韵，不复问宽迂。雨足稻秧长，风翻麦穗铺。岂徒烟景揽，农计总廑吾。"[15] 249 北远山村是圆明园中一处典型的田园景观主题景区，而水村图一处建筑错落组合，以元代赵孟頫的《水村图》为构思原型。船名当中的"卧游"与山水画观览的旨趣相同，凸显了北远山村一景水路游观时水际山村的造园意境。其他的船只命名如蓬岛游龙、太液朱鹭等，其中蕴含的神仙色彩，又与蓬岛瑶台为代表的景点名称

相互暗合。而命名当中的如坐天上、镜中游、飞云船等，直接取材于泛舟圆明园溪、河、湖、海时的游观感知，并在圆明园各处景点的诗词文本当中加以流露。

3.3　文化原型取材多元广泛

从圆明园船只命名的 7 类文化原型中可以看出，从物象的动植物、建筑和镜子，到天象的月亮和天空，以及想象层面的仙境和祝福，船只命名文化原型几乎覆盖了水路游观感知的各个方面。而以这 7 类文化原型为基础，延伸扩展出的命名内容，以多结合典故的方式，涵盖传统文化的不同角度，借助诗情画意的方式重新加以组合，并以画龙点睛的方式赋予不同船只各自的文化性格和意境倾向。以文化原型为本体，组合形成的各类命名，显示出园林文化在船只命名层面的延伸。7 类文化原型之间存在不同的命名差异，侧重水路游观感知、水体形态、船只造型、空间意境等方面，但借助船只这一水路游观的载具，对各类内容从命名的层面上实现涵盖与统筹，展示出园林文化深厚的内涵与生命力。

4　结语

长期以来，圆明园水路游观感知沉寂在样式雷图档和御制诗词当中，而且仅存的山水遗迹也难以复现圆明园盛期舟楫交错、百舸竞存的水路景象。对于水路游观这一特殊的园林游览方式，船只是必备的游览载具，而在园林文化的熏陶和浸染下，船只同样采取诗意命名为主的方式。各类船只命名以文化原型为基础，与船只尺寸、船只类型等相互关联，共同形成了圆明园御船的命名体系。园林文化具有穿越时间的厚重与深沉，而借助圆明园御船命名文化的一角，得以管窥宏大而辉煌的古代传统园林文化。

注：文中表格均由作者自绘。

参考文献

[1] 贾珺. 蘖林前后一舟通，坦然六棹泛中湖：圆明园中的水上游览路线探微 [J]. 建筑史，2003（03）：93-105，286.

[2] 吴晓敏，马骁. 圆明园和避暑山庄中的泛舟游湖 [J]. 文史知识，2022（07）：5-14.

[3] 贾珺. 圆明园中的仿舟建筑 [J]. 古建园林技术，2006（04）：30-32.

[4] 刘彤彤，刘程明. 中国古典园林中舟船主题及其文化意象探析 [J]. 景观设计，2019（04）：52-61.

[5] 翟小菊. 清代"样式雷"与颐和园御船设计初探 [C] // 中国紫禁城学会. 中国紫禁城学会论文集第八辑（上），2012：376-391.

[6] 谢竹悦，张龙. 清代皇家游船样式雷图档及其设计流程研究 [J]. 古建园林技术，2022（05）：90-95.

[7] 王琳，宋凤，陈业东.《圆明园四十景图》中的田园景观营造探究 [J]. 城市建筑，2020，17（05）：155-157，185.

[8] 王琳，王雪，崔山. 面面江村画意迎：清帝御制诗中圆明园北远山村的水路游观 [J]. 中国园林，2022，38（S2）：126-129.

[9]　[清] 纪昀等. 景印文渊阁四库全书·清世宗宪皇帝御制文集 [M]. 台湾：商务印书馆出版社，1986，卷五：9-10.

[10]　[清] 纪昀等. 景印文渊阁四库全书·清高宗弘历御制文初集 [M]. 台湾：商务印书馆出版社，1986，卷四：3.

[11]　谢竹悦. 清代样式雷游船图档研究 [D]. 天津：天津大学，2020：88.

[12]　嘉庆朝·钦定大清会典事例二 [DB/OL]. 书同文古籍数据库版. 卷九百三：内务府·园囿·圆明园职掌.

[13]　嘉庆朝·钦定大清会典二 [DB/OL]. 书同文古籍数据库版. 卷七十九：内务府·管理圆明园事务.

[14]　中国第一历史档案馆. 圆明园 [M]. 上海：上海古籍出版社，1991：419.

[15]　何瑜. 清代圆明园御制诗文集：第二辑 [M]. 北京：中国大百科全书出版社，2021.

[16]　何瑜. 清代圆明园御制诗文集：第四辑 [M]. 北京：中国大百科全书出版社，2021.

[17]　何瑜. 清代圆明园御制诗文集：第三辑 [M]. 北京：中国大百科全书出版社，2021.

作者简介

王琳 /1995 年生 / 男 / 山东诸城人 / 中国农业大学园艺学院在读博士研究生 / 研究方向为风景园林历史与理论、园林图像 / 中国农业大学

王雪 /1999 年生 / 女 / 山东青岛人 / 东北林业大学园林学院在读硕士研究生 / 研究方向为风景园林规划与设计 / 东北林业大学

崔山 /1963 年生 / 男 / 黑龙江齐齐哈尔人 / 中国农业大学园艺学院教授，博士生导师 / 研究方向为风景园林与建筑学、风景园林历史与理论 / 中国农业大学

数字化赋能古典园林艺术在当代美育中的激活

Digitally Enabled Activation of Classical Garden Art in Contemporary Aesthetic Education

高　颖　张雅婷　谢佳妮

Gao Ying　Zhang Yating　Xie Jiani

摘　要： 随着技术与艺术不断紧密地融合发展，新时代需要创新的中华文化展示策略与实践探寻，本文以数字化赋能中国古典园林艺术在当代的价值激活为题，以时光的回溯手法叙事性讲述曾经的故事，彰显"君子比德于玉焉"的文人精髓，体悟"虽由人作，宛自天开"的中国古典园林天人合一的造园理念观，意在达到"立足中国大地，讲好中国故事"，重点在于探寻以增强现实数字技术的运用，以美为介的艺术手段，促进大众优秀传统文化的认知与广泛传播，以期实现习近平总书记对"以美育人，以文化人"，进而塑造更多为世界所认知的中华文化形象，努力展示一个"生动立体的中国"的期许。

关键词： 增强现实；沉浸式；美育途径

Abstract: As technology and art continue to closely integrate the development of the new era requires innovative Chinese cultural display strategies and practical exploration, this paper digitally empowered Chinese classical garden art in contemporary value activation as the theme, to the time of the retrospective approach to narrative storytelling once, highlighting the "The moral character of a gentleman is the same as jade" of the essence of the literati, the realization of the "Although made by man, it is like a heavenly creation" concept of Chinese classical gardening, in order to achieve "based on the Chinese land, tell a good Chinese story". The focus is to explore the use of augmented reality digital technology, the use of beauty as the medium of artistic means, to promote the public's awareness of outstanding traditional culture and wide dissemination, in order to realize the General Secretary Xi Jinping's "enrich people's minds with beauty and culture.", and then shape more for the world to recognize the image of Chinese culture, and strive to show a "vivid and three-dimensional China".

Key words: augmented reality; immersion; aesthetic education pathway

1　研究背景

习近平总书记指出，"要主动应变、化危为机，以科技创新和数字化变革催生新的发展动能。"2023年3月7日，中央美术学院实验艺术与科技艺术学院揭牌。范迪安院长表示：从城市更新到乡村振兴，都需要新主题、新内容和新形式的艺术创作，要加快加大数字化艺术这方面的教学研究，在未来的建设中打造一个充满学术活力的"向量场"。

本研究为2023年天津市高等学校研究生教育改革研究计划项目（课题编号：TJYG120）——"人工智能深度介入下的艺术硕士专业教学创新研究"的研究成果。

此次研究的最终目的就是"深挖文化的魂，牵着技术的手，走艺术创新的路"，谋求探寻一种"文化＋技术"相契合的艺术创作思路，通过数字化平台享受科技带来的广阔新天地，最终实现传承中华文脉，增强国家软实力。

但同时也要看到，目前现存的数字化赋能美育更多是关注在绘画、书法、器物、篆刻等纯艺术品上，而对于中国传统园林、中国古典建筑这些涉及内容更加综合且复杂的美育还是相当稀缺。大众关于中国古典园林空间的起承转合，对于艺术构图权衡考量的内在思维精髓，文人士大夫洁身自好隐逸思想的园林物化的体现，诗歌、山水画、雕刻诸多艺术形式的多方位介入等方面的美育则一直处于被忽略状态。

同时更要看到，目前也存在数字化更多强调甚至是炫耀科技本身的情形，而如何让科技根植于"东方意境"，实现两者契合的思考与实践还刚刚起步；实现"数字融绘诗意山水"的美好向往，实现数字化赋能中华优秀文化更加广泛深入的传播，仍有诸多实质性的问题亟待去突破与创新（图1）。

2　研究现状及研究意义

当今，信息媒体数字仿真技术发展迅猛，为保护传承中国古典园林艺术提供了全方位的技术支持和全新领域的探索与尝试。近些年，各界广泛关注园林、建筑遗产保护领域并尝试引入虚拟现实技术，取得了一定的成效。虚拟现实技术可以非常直观地展现出园林、建筑空间的细节，以及更好地重现当时的风土人情和历史氛围。在国外，运用虚拟现实技术对园林、建筑遗产保护开展得比较早，如虚拟庞贝古城、虚拟巨石阵以及古耶路撒冷的重建等。与国外利用虚拟现实技术进行建筑遗产保护相比，国内还有相当大的上升发展空间。通过借鉴发达国家所进行的利用虚拟现实技术进行园林、建筑遗产保护的前沿探索以及国内相关领域的研究与实践，可以获得部分经验。这些前沿探索已经引起了政府相关部门、

城市建设部门、学术界对三维仿真虚拟现实的高度重视。

中国古典园林及其建筑以其高度的艺术成就和独特的美学风格闻名于世，与欧洲园林、伊斯兰园林共同构筑出世界三大园林体系。中国古典园林及其建筑中蕴含的园林空间美学、木构架建筑营造法式是中华民族千百年来传统文化的结晶，对现代人居生活空间的打造有着非常重要的指导作用。目前的人居环境存在缺少对社会文化的传承与弘扬的现象，更加缺乏对古人"东方诗意栖居"的深刻理解，而这些正是我们一直以来对环境的理想追求。作为一个专业性极高的学科，其受众面窄、入门门槛高，许多人望而却步却又是既定的事实。

所以，如果能利用增强现实技术，在虚拟界面对园林景观进行演示，将以往园林中的抽象概念通过讲解变得具体，就能让观者更加直观地了解到中国园林景观的独特之处，在虚拟线上感受园林"天人合一"的思想，在观赏的同时享受美、体验美，无声无息间提升自己的美学素养。同时还能培养人们的文化自信，达到弘扬中华优秀传统文化的目标。

目前基于AR交互式的园林游览系统已初现雏形，相对于传统而言是一步巨大的突破，打破了固定僵硬的体验方式，创造出一种全新且灵活多变的观展新模式。但是目前的AR体验系统结构功能单一，体验效果差强人意。因此，通过AR绘园卡与中国古典园林艺术相结合，对中国代表性古典园林进行数字化的增强，让艺术与技术实现双向奔赴，给用户带去沉浸式中国古典园林艺术体验，并引导他们去探寻每个园林、每栋建筑背后那些曲折、诱人的历史文化故事（图2）。

本案例以"AR绘园卡"作为主要媒介，AR绘园卡是一种随时随地都可以让人们获得审美体验，并在潜移默化之中受到美的熏陶和感染的美感教育新方式。一方面，AR绘园卡具有的趣味性、娱乐性，能吸引更多的人了解园林；另一方面，人们对新型事物以及先进技术具有强烈的好奇心，用户可以充分利用移动终端与绘园卡

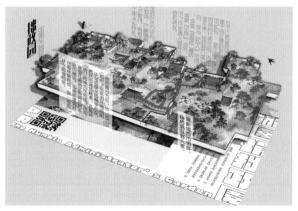

图1　增强现实用户端效果　　　　　　　　　　图2　中国古典园林数字化呈现效果展现

进行互动，通过模型、视频、图片等信息深刻了解园林背后的建筑历史、文化故事。这种时光回溯倒叙性手法，巧妙地彰显了"君子比德"的文人精髓，意在达到"立足中国大地，讲好中国故事"的目的。如此，无疑将为中国古典园林的进步与传播注入强劲的动力（图 3）。

研究力求将中华优秀造园文化精髓与前沿数字科技相契合。为加强对中国古典园林精髓的领悟，将美育叙

事讲述得更加精准，本研究组还专程赴苏州对拙政园、留园等文人园进行勘察，并得到了造园名师卜易铭先生现场传授，这都为研究的有效完成奠定了坚实基础，并最终实现"AR 沉浸式手段创新与古典园林文化价值双向赋能"的最终成果。该研究独具匠心的思路、产生的潜在社会意义和广阔的推广价值，也得到了相关专家和学者的肯定。

图 3　AR 绘园卡构思方案

3　以 AR 技术传承中国古典园林艺术

2020 年国务院印发的《关于实施中华优秀传统文化传承发展工程的意见》提到，"把中华优秀传统文化的有益思想、艺术价值与时代特点和要求相结合，运用丰富多样的艺术形式进行当代表达。"秉承这一理念，"游园境"系列 AR 绘园卡应运而生，它被定位为承载美育使命、具有高度叙事性的创新产品。除了单纯的卡片，本研究还涉及了三维动画的创作以及其他多种美术形式的作品制作。这些作品，以崭新的数字媒介，为传统园林艺术的展现和教育提供了一种全方位、多感官的体验方式，让历史与现代交融、传统与创新共鸣，从而在新时代下推动中国古典园林艺术的传承与发展。

3.1　AR 技术与中国古典园林艺术的融合

AR（augmented reality）技术即增强现实技术，是一种将真实世界信息和虚拟世界信息"无缝"集成的新技术，是通过电脑技术将虚拟的信息应用到真实的世界，真实的环境和虚拟的物体实时地叠加到同一个画面或同一个空间的技术。

中国古典园林中蕴含的园林空间美学，是中华民族千百年来传统文化的结晶，对现代人居生活空间有重要的指导作用。运用 AR 技术对中国古典园林艺术进行传承，利用 AR 所具备的虚实结合、实时交互、三维沉浸的特性，使用 AR 技术进行中国传统园林的保护与可持续发展比旧有的保护模式有更多优势。AR 技术可以将三维仿真建筑模型叠加或合成到真实环境场景中，同时呈现虚拟信息与真实信息。将两种信息进行叠加，可以使观赏者对中

国古典园林、中国古典建筑艺术进行更加细致的观察，甚至可以进一步深入了解到园林背后的建筑发展历史和历史文化事件。这些都可通过 AR 技术还原到真实场景中，使真实的建筑与虚拟的历史场景结合，达到再现历史信息的效果，从而提高人民群众对中国古典园林造园艺术和古人传统生活方式的认知。

3.2　AR 绘园卡的互动叙事与美育功能

本例以 AR 卡片的形式展现，正面为园林绘画图稿，背面则配有 FM 码，仅需扫描此码，即可在移动端看见三维虚拟空间。在这个由数字技术所打造的空间中，用户与古建可以进行交互，从而促进审美的提升，带动人民群众的美育发展，促进中国古典园林文化的传播（图 4）。三维空间中也设有故事情境，大众能够走进历

图 4　AR 演示图（图源：网络）

史深处，深刻感受往昔园主及其家庭的起居、游憩、雅集等生活场景，从而深刻领略中国古代风俗与文化，提升文化认知和文化自信。

4　AR 场景搭建

4.1　数据收集

在当今全球化和信息化的背景下，中国美育实体环境的现状及其发展趋势受到了广泛关注。为了深入探索这一领域，本研究组对十大名园近年的文献资料进行了收集整理，进行了初步分析，并结合项目所需选址确定了社会需求的影响因素及研究对象，完善表达故事线索、情节的初步设想。

在实践中，本研究组采用了网络调研、文献归纳分析和线下咨询论证的方式进行探究，对历史名园进行了实地勘测，同时从相关园林负责单位以及相关技术单位获取了部分场地资料。

4.2　建筑场地搭建

研究组利用 AR 开发工具进行基础建筑模型的搭建，由于依托于调研的资料，其搭建完全依照调研数据，力求做到切实准确，尽善尽美地复原中国古典园林建筑的结构，让用户在观看时能更好地体会到古建的结构之美。

4.3　资料库的完善

在完成基础场景后，为了线上线下的融合，需要对关键园林空间节点进行二次分析梳理，对相关历史故事进行考证，进一步充实十大名园数据库。除了历史事件，数据库中还应包括园林的空间布局和植物配景等元素。这样制作出来的场景，不仅是一幕幕静态的自然与建筑的美景，更是一个充满生命力的文化载体。

4.4　小结

在 AR 绘园卡画面创建方面，研究组完善了园林景观数据，创建了 AR 绘园卡初步画面，完成园林景观与人物故事情节，成功制作出一组初版 AR 技术沉浸式叙事性园林体验卡片产品；同时，研究组为了宣传中国古典园林艺术，增加人们对"游园境"系列 AR 绘园卡的关注度，开设了官方公众号平台；另外，还组织了研究学者前往苏州，分组勘测园林项目，进行点位安置模拟和模型评估。

5　创新与特色

5.1　设计中国古典园林"空间美学"的新载体

园林的空间美依附于园林本身，尽管目前互联网涵盖面广泛，但传统的在线平台主要通过文字和静态图像来传递园林艺术的美感，这种方式难以充分复现"人行

园林其中，移步换景"的沉浸式园林空间的美感。本项目设计的 AR 绘园卡可以使园林空间美依附的载体由有限的实体物质转为信息数据。用户只需使用手机扫卡，就可以通过移动终端获取园林丰富多彩的历史故事和虚拟空间体验。绘园卡让游玩、学习不再受限于地理界限，让用户能够在任何时空条件下，通过移动设备深入体验到园林所承载的历史深度与美学价值（图 5）。

5.2　开创中国古典园林"空间美学"的美育新道路

在探索中国古典园林美学中，传统的教育模式主要依托于课堂讲授这一单一维度。然而，随着数字化技术的蓬勃发展，我们目前有能力打造更为直观且具有高度互动性的教育体验。通过利用 VR、AR 等数字技术，游客无须投入大量时间研究繁杂的资料，便能直接沉浸在一个三维的虚拟园林之中，即时获取关于空间美学的详细解读。这种交互式的学习方法不仅极大地降低了人们对抽象美学概念的理解难度，而且有效地提升了学习的趣味性（图 6）。

图 5　AR 绘园卡最终设计方案

图6　古典园林建筑增强现实

5.3　可视化传递中国古典园林"空间美学"

　　中国古典园林一向秉持着"虽由人作，宛自天开"的美学思想，注重用叠山、理水、铺地等手段构建诗意空间。然而若是用户没有美学基础，对中国古典园林知之甚少，就很难在游览时深入感受到古代园林造园者的巧思，只能做到"看山是山，看水是水"的底层境界。而如果在游览时，有 AR 绘园卡从旁协助，那么用户就会获得对中国古典园林更详尽的空间体验，从而产生空间的审美提升。通过绘园卡，用户不仅能在卡正面的园林平面设计中一窥中国古典园林的美，还能通过扫描卡背

面的 FM 码，进入一个 3D 立体空间，以全新的视角体验园林的深度与内涵。在此空间中，我们不再仅依赖传统的文字和口头描述来传达中国古典园林中抽象的空间美学。相反，通过结合项目成员对中国古典园林深入学习与研究的心得，我们把被大众认为空泛玄妙的空间艺术转化为可视化、具象化的立体表达。我们利用沉浸式立体 AR 技术，打造出生动的立体场景，并串联相关的趣味历史故事，使园林空间之美以新的形式活跃起来，让用户在一个轻松愉快的氛围中体验并深入理解园林的空间美学（图7）。

图7　虚拟现实成果体验

6　总结与展望

　　"数字化赋能古典园林艺术在当代美育中的激活"研究取得了一定的成果，得以较为广泛地推广应用，究其原因主要在于：其一，能够把握数字技术及其应用的最新动态，在虚拟现实（VR）较为普及的时候，将增强现实（AR）技术及时引入项目的实现中来，这种技术整合不仅增强了主题的感染力，还赋予了其鲜明的时代特色，使古典园林在虚拟与现实的交汇中焕发出新的光彩，以一种新颖且富有现代感的方式呈现给公众。其二，实现了"技术与艺术"的契合，中国传统古典园林的精神内核与细节设计得到了科技的映照与放大。与此同时，增强现实数字技术的运用，促进了优秀传统文化的认知与广泛传播，力求实现习近平总书记所提到的"以美育人，以文化人"，进而塑造更多为世界所认知的中华文化形象，努力展示一个"丰富多彩、生动立体的中国"；其三，数字化技术依托于网络平台和众多网络活动，成功地将传统艺术转化为现代美育资源，简化了大众与园林空间的接触途径；同时将抽象的中国古典园林"空间美学"可视化传递，开创了中国古典园林"空间美学"的美育新道路，实现数字化赋能中华优秀文化的传播，为古典园林艺术的传承与发展提供了新的视角和方法。

　　随着数字化技术的不断进步，其快速传播和广泛覆

盖的优势显著扩大了社会美育的受众范围，使更多人群得以通过增强现实（AR）和虚拟现实（VR）等技术体验到古典园林艺术的魅力，享受到丰富多样的审美体验，从而带动中国古典园林的美育发展、中国古典园林文化的传播。未来的社会将步入一个以数字技术为核心的全新时代，数字硬件将不断地升级更新，Vision Pro 结合了虚拟现实和增强现实的特点，有可能开辟混合现实 MR 的新纪元。面对这个充满挑战的未来，我们必须坚定地深挖中国深厚的传统文化底蕴，并将其与现代科技相融合。以艺术为骨、以科技为翼，让古典园林艺术在现代社会中焕发新的生命力，展示真实、立体、全面的中国故事。

参考文献

[1] 杨晨，王志茹．江南古典园林遗产展示与数字化应用可行性研究［J］．园林，2024，41（09）：19-28.
[2] 任菲．江南古典园林文化遗产数字化开发研究——以网师园数字展示平台设计为例［J］．大众文艺，2021，（24）：74-76.
[3] 李闯，林雨明．基于增强现实技术的风景园林遗产保护研究［J］．美与时代（城市版），2024，（07）：127-129.
[4] 吕桂菊，姜苗苗．沉浸式体验视角下园林空间创新途径研究［J］．齐鲁艺苑，2024，（03）：67-73.
[5] 刘明鑫，孙千惠．"挑战 × 机遇 2020"——科技艺术在中国首届学术论坛综述［J］．美术研究，2020，（06）：52-55.DOI：10.13318/j.cnki.msyj.2020.06.011.

作者简介

高颖 /1972 年生 / 男 / 天津人 / 教授 / 研究方向为景观设计 / 天津美术学院
张雅婷 /2000 年生 / 女 / 陕西省扶风县人 / 天津美术学院学生 / 研究方向为景观设计
谢佳妮 /2000 年生 / 女 / 浙江省台州市人 / 天津美术学院学生 / 研究方向为景观设计

数字时代的江南古典园林文化传播与生活美学

The Cultural Dissemination of Classical Jiangnan Gardens in the Digital Age and Aesthetics of Life

魏子钺

Wei Ziyue

摘　要： 数字时代为园林文化传播提供了新的契机，数字化为古典园林文化传播提供了新的可能。数字化赋能下的园林文化传播，既能增强传统文化的吸引力，又能满足公众对美好文化生活的新期待。畅通线上线下，实现文化的立体化传播，是当下江南古典园林文化传播的必然选择。本文通过解析数字化时代背景下江南古典园林的文化价值，分析数字化为江南古典园林文化传播带来的新机遇，探讨江南古典园林文化与数字化时代公众美好生活之间的互动关系，以期为推进传统园林文化创新性传承提供参考。

关键词： 园林文化传播；数字化时代；生活美学

Abstract: The digital age has provided new opportunities for the dissemination of garden culture. With the emergence of new technologies such as mobile internet, virtual reality, and artificial intelligence, digitization has offered new possibilities for the cultural dissemination of classical gardens. The dissemination of garden culture empowered by digitization not only enhances the appeal of traditional culture but also meets the public's new expectations for a better cultural life. Establishing seamless online and offline communication channels to achieve multidimensional cultural dissemination is the inevitable choice of the present. By analyzing the cultural value of classical Jiangnan gardens in the context of the digital age, exploring the new opportunities brought by digitization for the dissemination of garden culture, and examining the interactive relationship between garden culture and the public's pursuit of a better life, this study aims to provide references for promoting the innovative inheritance of traditional garden culture.

Key words: Landscape culture dissemination; digital era; aesthetics of living

引　语

江南古典园林承载着丰富的历史文化内涵，是中华优秀传统文化的生动展示。时移世易，随着移动互联网、虚拟现实、人工智能等新技术的出现，江南古典园林文化如何在数字化背景下更好地传承和弘扬成为一个重要课题。

1　江南古典园林的文化价值

园林文化，根植于广义的文化概念之下，是指在风景园林的创造、发展及维护过程中所体现的人类智慧与自然环境和谐共生的综合表现形式。它既包括了物质层面的内容，如历史上建造的园林、风景名胜，以及人类活动改变的自然地貌和景观；也涵盖了精神层面，涉及设计思想、审美原则、哲学理念以及与之相关的文学艺术等。园林文化通过具体的园林构建与自然空间的改造，展现了特定地域、民族或时代的社会历史、审美情趣、生态观念及哲学思想，成为传达人类文明与自然关系的文化符号。

在园林中，物质与精神层面的文化相互交织，共同构成了一个复杂的生态系统，不仅是自然美的再现，也是人类价值观、艺术追求和生活哲学的具体体现。在这个生态系统中对人类社会有利的精神与物质产出，即园林的文化价值。

江南古典园林是中国古典园林艺术的重要组成部分，它们承载了中华民族的历史记忆和文化精髓。这些园林往往选址于风水优越、历史悠久的地点，利用自然山水或人工造景，以山体构架、水流贯穿，展现出地域文化的独特韵味。以苏州的拙政园为例，它位于苏州古城的中心地带，始建于 1513 年，前身是北宋抗金名将韩世忠的府第遗址。拙政园与毗邻的狮子林、留园、沧浪亭共同构成了苏州明清时期最高档的园林群——苏州四大园林。正是基于这样富有历史文化底蕴的选址，拙政园在建成之后迅速成为苏州文人士大夫聚会交流、雅集休闲的首选之地，展现了古代文人的生活美学特征。这种历史积淀为拙政园赋予了非凡的人文气息。通过选择富有历史文化内涵的场所建造园林，可以让园林与所在地的历史文化形成联系，增强园林的文化价值，为我们发展园林文化提供借鉴。

1.1　跨越时空的文化瑰宝

古典园林源远流长，它集自然山水、建筑艺术、诗词文学、园林植物于一体，是中华民族悠久历史文明的缩影。作为世界文化遗产，江南古典园林承载着中华民族的精神家园，其艺术魅力跨越时空影响着世界。以苏州园林为代表的江南古典园林，其精致的建筑结构、巧妙的布局空间、沁人心脾的意境，蕴含着中华民族和谐天人、崇尚自然的哲学思想和美学情趣。细致入微的假山堆砌、精妙绝伦的园林雕刻以及匠心独运的水系设计[1]，建筑之精妙、布局之巧思，以及营造出的令人心驰神往的氛围，深刻反映了中华民族追求"天人合一"哲学思想和崇尚自然的美学情趣。这些园林作为活态的跨时空文化遗产，是领略中国园林文化及生活美学深度与广度不可或缺的窗口。

1.2　空间处理的艺术魅力

古典园林中对空间和景观的巧妙艺术处理，体现了中国传统美学的精髓。江南古典园林注重空间的艺术处理，讲究借景、叠景、隐现等效果，并运用巧妙的手法隐蔽或延伸视线[2]。以苏州拙政园的《韩熙载夜宴图》为例（图1），这是一幅根据北宋画家韩熙载的《汴京清明上河图》中一段夜宴场景而创作的立体画。园中人物与场景巧妙地利用了空间组合、远近借景等技巧，营造出一种错落有致、深邃神秘的艺术效果。画卷分为五段，每一段画家都采用了不同的空间处理手法。从琵琶独奏的优雅、观舞的激昂、宴间小憩的惬意，到管乐合奏中的交融及宾客离席的余韵，每一段都为人们展现了空间处理的精巧与巧妙，并体现出典型的江南古典园林的韵味。在当代园林设计中，我们也应该学习这种空间处理方式以体现当代的生活美学，并在传播园林文化的过程

图1　《韩熙载夜宴图》（来源：故宫博物院扫描件）

中重视空间属性与表达内容的巧妙变化。

1.3　生活之美的艺术殿堂

江南古典园林内在地融合了生活功能，成为士大夫闲暇生活的理想场所。这些园林既有供奉神祇、举办典礼的建筑，也有品茗、赏月的亭台楼阁，园主可以在此处理公务、会见宾客，或与文人墨客讨论学问、作诗赋词、下棋谈天。以苏州留园为例，它是一座典型的文人园林，园内各处建筑都与生活实用和文人活动相结合。如亭、榭多具有临水、观景等功能，书斋、会馆等是处理事务、举行文化活动的场所。这种生活化的理念丰富了园林的内涵，也让园林成为士大夫闲暇时生活的理想空间。中国古典园林历来与日常生活紧密相依，如今其文化传承应聚焦于园林与现代生活间的联系，使园林成为丰富多彩生活的场域。

2　数字化时代江南古典园林文化传播的创新策略

江南古典园林一直以来都是中国传统文化的珍宝，以其卓越的园林艺术和深厚的文化内涵而享誉世界。然而，随着社会的不断演进和数字技术的崛起，传统文化传播方式已不再适应现代社会需求[3]。江南古典园林文化正在经历革命性的变革，通过创新的传播方式更好地展现其魅力，吸引全球关注，已是势在必行。

2.1　江南古典园林的导航系统亟待改进

这些庞大而复杂的园林容易使游客迷失在如迷宫般的景点中。在数字化时代，可借助增强现实（AR）和全景虚拟现实（VR）技术提供更精确的导览服务。游客可以通过手机或AR眼镜获取实时导览，同时通过VR体验欣赏园林美景，提升游览体验并深入了解江南园林的历史和文化，用现代的方式再现前人的生活美学。

2.2　互动体验成为数字化时代江南古典园林文化传播的关键

江南古典园林以其丰厚的文化内涵而闻名，但许多游客可能只是匆匆而过，未能深入了解背后的故事。可以通过在园林内部部署沉浸式互动装置等方式，使游客能更深入地了解园林的历史和文化。例如，借助虚拟现实技术还原历史场景，使游客仿佛穿越回古代江南园林，激发其游园兴致，提高其对园林文化的理解与欣赏。

2.3　数字化展馆是江南古典园林文化传播的亮点之一

传统的博物馆陈列方式已不再吸引年轻一代游客。借助数字技术，可以建立数字化展馆，以全新方式展示古代文物和艺术品，提供更多互动性，使游客积极参与

文化传播，而非仅仅被动观赏。此外，数字化展馆还可"活化"文物，让游客模仿历史人物的字迹，提供更深层次的文化体验，等等。

2.4　在数字化时代，官方网站扮演着重要角色

江南古典园林的官方网站应采用创新的数字宣传方式，不仅提供园林的基本信息，还可以提供包括虚拟展览和在线文化等活动，吸引更多游客参与其中。同时，可借鉴成功案例，如故宫博物院的数字化展示，以三维方式呈现文物，从而提升游客的互动体验。

2.5　数字化小游戏和文化综艺节目也可以成为江南古典园林文化传播的一部分

通过开发具有文化特色的小游戏，吸引年轻游客，在娱乐中传承传统文化。制作特色综艺节目，以江南古典园林为背景，深入探讨文化内涵，提高园林知名度，从而吸引更多观众。

3　数字化时代江南古典园林文化传播的创新模式

创新传播模式是指在传播园林文化时，采用新颖的思路和方法，突破传统的传播模式，提高传播的效果和价值。创新传播模式主要包括线上线下融合模式和文化IP开发模式两种。

3.1　线上线下融合

线上线下融合是指融合网络新媒体和实体场馆等线下载体，实现在线传播和线下体验的有机结合。这种模式可以扩大传播覆盖面，提高传播效率，满足不同受众的需求和偏好。线上传播可以利用网络平台的便捷性和广泛性，进行线上科普和宣传，吸引更多的关注和参与。线下体验可以利用实体场馆的真实性和感染力，进行线下解说和展示，增强更多的信任和认同。可以考虑以下两个关键举措，这些建议有望为江南古典园林文化的传播提供更全面和多样化的渠道，同时满足不同受众的需求，从而扩大江南园林文化的影响力。

3.1.1　建立综合性在线平台

通过创建综合性的官方网站，专注于园林文化的科普和宣传。该网站应提供丰富的历史、文化、艺术等相关信息，并以多媒体元素丰富内容，包括图片、音频、视频等，并结合虚拟现实（VR）游览功能供网友在线体验江南古典园林的美丽。还可以提供在线课程、直播活动和知识竞答等功能，以激发受众的学习兴趣和参与度。

3.1.2　强化实体园林内的解说设备

在实际园林内引入多媒体解说设备以提供更深入的线下解说体验。游客通过扫码或触摸等方式激活这些设备，根据游客的位置和兴趣，提供相关内容，包括园林

的历史背景、建筑特色、典故故事、诗词赏析、生活美学赏析等。这些内容应包括语音、图片、视频等多媒体元素，以使解说更具吸引力和交互性。通过这种方式，线上和线下的传播手段可以相辅相成，实现更广泛的江南园林文化传播。

3.2　文化 IP 开发

通过挖掘古典园林的文化符号，进行创意化再创造和设计，使之成为富有吸引力的文创产品，即文化 IP 开发。将园林典故改编成动画、制作成图片表情包在新媒体上传播。还可将园林中的标志性植物、建筑运用于文创设计中，比如制作成年画、邮票、书签等文创产品。以中国《国家宝藏》团队与故宫博物院合作的数字文创为例，其团队联合打造了多个以故宫文物为原型的二次元数字形象，并制作成动画、桌游等产品在新媒体平台进行传播。这种古典文化的创新传播深受年轻人的喜爱。从园林文化中提取元素进行创新设计，制作富有吸引力的文创产品，扩大园林文化的影响力，这给数字化时代园林传播带来了启发。

4　数字技术在江南古典园林中的应用

数字化园林中常利用计算机、网络、多媒体等数字化手段和工具，对古典园林文化进行数字化采集、保存、展示和传播[4]。这种技术可以突破传统园林文化传播的时间和空间限制，提高传播的效率和效果，增强受众的参与感和代入感，激发受众的兴趣和好奇心。数字技术应用主要包括虚拟仿真技术和多媒体互动技术两种。

4.1　虚拟仿真

虚拟仿真技术通过利用计算机生成的三维图像和声音，模拟真实环境和场景，进而实现对古典园林的数字化还原，并能通过虚拟空间重现园林建筑、园林植物、园林布局等方式实现沉浸式的虚拟游览体验。通过这种技术，受众在虚拟环境中能够自由探索和感知园林的风景和历史，领略园林的意境和文化。

苏州园林博物馆使用数字技术塑造了多个虚拟场景，游客可以 360°无死角地浏览苏州古典园林，这种虚拟仿真让更多人可以身临其境地领略园林之美。另一个案例是上海博物馆与上海科技馆联合推出的江南园林 VR 体验馆，游客可以通过 VR 眼镜和手柄，在虚拟现实中自由探索江南园林的风景和历史，感受园林的意境和文化。"梦幻之园"项目利用 VR 技术重建了著名的拙政园，并将其与历史人物和事件相结合，让用户可以在不同的季节和时间段体验园林，并与园中人物互动。该项目旨在通过沉浸式的故事讲述和游戏化的方式，保护和推广江南古典园林的文化遗产。这些案例为我们提供了很好的借鉴，

在传播园林文化时可以多运用这种技术手段，创造出具有吸引力和创新性的虚拟仿真产品。

4.2　多媒体互动

多媒体互动技术可以将文字、图片、音频、视频等多种媒体元素有机结合，实现图文、语音、影像的联动，从多维度展示园林文化的内涵。它可以将静态的展示转变为动态的互动，让受众在参与中学习和体验园林文化。这种技术丰富了参观体验，能够增强江南古典园林文化的趣味性和互动性。

通过在江南古典园林实体场馆内设置多媒体互动装置，游客可以通过交互屏幕浏览历史图片、聆听解说音频、观看讲解视频，这种沉浸式的互动体验比传统的游览方式更能吸引公众。网上开设的"江南园林在线课堂"邀请了专家学者通过视频直播或录播方式进行在线讲座，并设置在线问答和评论功能，让网友可以实时提问和交流，增加线上学习的效果和乐趣[5]。"江南园林艺术展"运用全息投影、数字沙盘、互动屏幕等多媒体技术，展示了江南园林的美学原理和设计技巧，并提供了 4 个代表性江南园林的虚拟游览，即拙政园、留园、网师园和狮子林，这类全面和动态的展示提高了公众对江南园林文化的认识和理解。

这些案例为江南古典园林文化传播提供了参考，通过进行线上线下展示并结合不同的媒体元素和互动方式，古典园林在数字化时代将能打造出具有教育性和娱乐性的多媒体互动产品，进行高效传播。

5　江南古典园林文化与当代生活的有效融合

园林文化提醒我们人与自然之间的紧密联系和相互依存关系。通过园林，人们可以体验到与大自然和谐相处的美好。中国独有的江南古典园林不仅为城市提供了宜居的环境，还教导人们尊重自然、珍惜生态平衡的重要性。漫步在江南古典园林中，人们能够反思自己的生活方式，寻找更加可持续的生活方式，塑造多彩、充满活力的生活。

5.1　园林文化的当代价值

园林自古以来一直扮演着连接人类与自然的纽带的角色，在生产生活中为我们提供了众多珍贵的教训和启示，而逐渐成为一种文化传承。中国古典园林中的"借景"手法，通过巧妙的空间处理，在有限范围内获取无限景观，这在当今的城市建设中仍具启发意义；另有"境界论"思想，讲究通过空间设计营造意境，这为当代景观设计也提供了参考。

如今，在城市化和工业化不断发展的背景下，园林在当代社会中附加了更为重要的生态价值。随着城市的

扩张，自然环境遭受到破坏，气候变化问题日益严重。园林通过提供绿色空间、生态绿墙和屋顶绿化等创新手段，有助于减轻城市热岛效应，改善空气质量，吸收 CO_2 排放，维护生态平衡。这些举措有助于打造更可持续的城市环境，保护自然资源。园林文化伴随着园林传承，并同时诠释着精神层面的生活美学。

在压力日益增大的当下，园林文化为人们提供了丰富多彩的生活方式，为人们发展个性化的生活美学提供了启发与参考，赋予了人们精神价值，给予人们发展生活美学的空间载体。在园林中，人们可以沉浸在自然之中，感受四季更替，观赏花草树木的生长变化，体验户外活动的乐趣。园林不仅是城市居民休闲娱乐的场所，还为社交互动提供了理想的背景。人们可以在花园聚会、举办户外活动，享受社交互动的机会，促进人际关系的发展与生活美学的交流传播。

5.2　丰富多彩的园林生活

园林生活不仅仅局限于传统的庭院和公园。园林空间的使用多种多样，可以品茶、下棋、作画，可以邀请朋友漫步聊天，也可以独自一人静思。丰富多彩的园林生活启发我们充分利用这一公共空间。现代人可以借鉴古人在园林中举办"花会"的传统，定期举办赏花活动[6]。我们也可以学习古人在园林中举办诗会、书会等传统文化活动，组织读书沙龙、写生活动等，让更多人投入丰富的园林生活。

生态绿墙和屋顶绿化等概念为园林增添了新的维度。生态绿墙不仅具有美学价值，还在改善空气质量和降低建筑能耗方面发挥了积极作用。屋顶绿化则为城市提供了宝贵的空间，创造了可持续的城市景观（图2）。它们的出现丰富了园林生活的选择，使人们更加接近自然，享受城市中的绿色生活。

融合现代艺术和科技元素的数字化园林能创造出别具一格的景观和体验，不再局限于传统的设计和布局，

综合运用数字化元素为人们提供创新的材料和灵感来源。这些创新为园林文化注入了新的活力，使其更加符合当代社会的需求和审美。

5.3　人与自然和谐

中国古典园林强调山水景观与建筑的和谐统一，主张人与自然和谐相处。这种理念今天依然有积极意义。在数字时代，我们更需要回归自然，在繁华都市中找寻宁静之处。漫步园林小径，可以舒缓工作压力、放松心情。静坐园林亭榭，可以享受独处的时光，感受自然的静谧。尤其在数字社会快节奏的生活中，我们需要园林带来平和与疗愈，让我们回归自然，寻得心灵的平静。一处处沉淀着中国厚重文化的江南古典园林，成为都市人难得的散心好去处[7]。

结语

江南古典园林蕴藏着中华民族优秀的传统文化，承载着丰富的历史积淀和独特的艺术魅力，也与中国人的生活密不可分。数字化为江南古典传统园林文化赋予了新的活力，也让更多人能够享受园林文化所构筑的美好生活[8]。江南古典园林承载着中华民族的精神家园，传承发扬江南古典园林文化是我们这一代人不可推卸的责任。

在数字化浪潮下，传统园林文化面临传承的机遇与挑战。我们必须充分认识到江南古典园林的历史价值、艺术价值和当代价值，运用数字科技进行创新性传播，使江南古典园林文化焕发出新的活力。我们要深入挖掘江南古典园林空间的丰富可能，举办丰富多彩的文化活动，使江南古典园林成为大众增长见识、陶冶情操的理想场所。我们还应当在繁华喧嚣的城市生活中充分利用江南古典园林空间提供的宁静与疗愈，让人们在享受数字生活的同时也能回归自然，找回心灵的平静，找到属于自己的独特生活美学。

图2　屋顶绿化概念图
（来源："南园绿云"屋顶共建花园：探索低碳社造空间，李博超，2022）

参考文献

[1] 赵文茹，李克华.数字化时代背景下承德避暑山庄文化传播策略研究［J］.新纪实，2021（17）：91-93.

[2] 梁伟，甄龙霞.园林艺术设计对中国园林文化传播的影响：以2022中国（南京）园林景观及别墅庭院设施展览会为例［J］.林产工业，2023，60（04）：95-96.

[3] 耿钧，张昀.中国古典园林艺术在当代美国传播的三重征象：以"谐丽园"为中心［J］.装饰，2022（07）：136-138.DOI：10.16272/j.cnki.cn11-1392/j.2022.07.001.

[4] 徐婉娴，邵艳.园林文化的对外传播：以木渎古镇园林为例［J］.吉林省教育学院学报（上旬），2015，31（06）：136-137.DOI：10.16083/j.cnki.1671-1580.2015.06.056.

[5] 任菲.新媒体时代江南古典园林文化传播策略研究［J］.大众文艺，2021（22）：94-96.

[6] 格拉姆·霍普金斯，赵梦.风景园林让生活更美好：生态建筑战略：创造舒适宜人的小气候［J］.中国园林，2012，28（10）：9-16.

[7] 段建强，张桦.翳然林水与平冈小陂：豫园与寄畅园掇山比较研究［J］.风景园林，2018，25（11）：29-32.DOI：10.14085/j.fjyl.2018.11.0029.04.

[8] 项伊晶，张松.上海豫园保护修缮历程及评述［J］.城市建筑，2013（05）：42-45.DOI：10.19892/j.cnki.csjz.2013.05.009.

作者简介

魏子钺 /2003年生 / 男 / 北京 / 学士 / 西北农林科技大学学生 / 风景园林

文人园林的象征内涵及其形态分析

Analysis of Symbolic Connotation and Expression Forms of Literati Gardens

陈雅琦

Chen Yaqi

摘　要： 从象征文化的角度研究文人园林中的文化内涵，分析特定时代及时代特有的思想观念对园主个人心境与经历的影响是如何投射到园林的营建上的。探讨中国传统文化中隐逸思想、儒家哲学以及吉祥文化对文人园林造园思想形成过程中产生的影响，并结合部分现存文人园林的命名内容、植物配置、装饰纹样等造园要素，分析此三类思想在文人园林中的表达途径。通过对文人园林的象征文化内涵分析，关联起园林语言与中国传统文化之间的桥梁。

关键词： 文人园林；象征文化；隐逸思想；儒家哲学；吉祥文化

Abstract: From the perspective of symbolic culture, this paper studied the cultural connotation of literati gardens, and analyzed how the influence of specific times and its unique ideas on the garden owners' personal mood and experience was projected on the construction of gardens. This paper discussed the influence of Chinese traditional culture of the seclusion, Confucian philosophy and auspicious culture on the formation of literati gardens, and analyzed the specific forms of these three kinds of ideas in literati gardens by combining some existing garden elements such as naming content, plant configuration and decorative patterns. Through the analysis of the symbolic cultural connotation of literati gardens, the bridge between garden language and Chinese traditional culture was connected.

Key words: literati gardens; symbolic culture; seclusion culture; Confucian philosophy; auspicious culture

引　言

中国象征文化是一个丰富复杂的庞大体系，是中华民族特有的政治、宗教、民俗、语言、艺术、生产方式等多方面成果杂糅孕育出的果实。正应象征人类学的代表人物维克多·特纳所言，"不同的文化（象征体系）是不同的民族对其所处的世界的不同理解"[1]。中国古典园林作为一种空间艺术，是中国象征文化的有形载体之一，一门一窗、一树一叶，承载着的是彼时的社会价值观念与人们的精神追求。

中国古典园林以"虽由人作，宛自天开"的自然式造园手法为特点，在世界园林艺术上别树一帜，按照隶属关系可主要分为皇家园林、私家园林以及寺观园林。其中私家园林又以雅致且人文精神浓厚的文人园林艺术成就颇高最为代表。"三分匠人，七分主人"，文人园林的"主人"大多为志趣高雅、诗书画兼修的才学之士，其自身良好的学识素养与价值追求造就了这类园林雅致清秀的风格和朴素淡然的造园思想。在象征题材方面，比起皇家园林侧重皇权至高无上、伦理等级秩序，寺观园林强调宗教的神秘与庄重，文人园林更像是一个承载着园主个人情绪的容器，容纳的是其个人人生经历与时下心境，这使得园林中的象征表达充满了人文情怀和耐人寻味。

文人园林的发展最早可以追溯到汉代董仲舒的文人园[2]，经由几代的起伏跌宕、演绎变迁，于明清发展至鼎盛。明清文人园林代表了中国古典园林的最高成就，也构成了现存古典园林的主要组成部分，主要分布于江南一带。本文将选取这一时期的文人园林作为分析对象。

1 隐逸思想与"中隐"思想

文人园林与隐逸思想有着千丝万缕的联系，隐逸思想几乎为解读这类园林的一条明线。隐逸思想在中国历史上可以追溯到上古时期，善卷拒绝了帝尧和帝舜禅让天下之举，选择了"日出而作，日入而息，逍遥于天地之间"（《庄子·让王》）的生活方式。这种远离政治、疏离名利、深入自然、追求内心的选择在此后很长的历史时期里都成为隐逸思想的本质特征。春秋战国时期，道家将隐逸文化提升至一种审美与精神的追求，丰富了其内涵。魏晋南北朝时期，文学艺术领域活跃繁荣，以陶渊明作品为代表的隐逸田园诗歌对后世影响深远，其笔下的"桃花源"成为此后绘画、造园等艺术活动中"归隐"的象征原型。秦封建制度确立后，隐士由个别的偶然现象逐步成为一个社会阶层[3]，并在唐宋达到了高峰。转折点发生在明朝时期，朱元璋将"隐退"列为一种罪状，后世记载的明清两朝隐士数量急剧减少。明代中叶，朝廷放松了私人造园的禁令，加上经济繁荣，此时城市园林的建造发展迅猛，达到了极盛的局面[4]。由此导致的直接结果是隐逸转向了一个新的方向[5]——隐士们不敢隐退世俗、真正居住于田园山丘中，而是选择在城市中营建一方净土姑且作为精神的栖息地。自此，隐居场所的转变——从深山野林转向城市之中，为文人园林的选址做了一定意义上的铺垫。

其次，唐朝中期，白居易提出的"中隐"思想在士大夫阶层中流行开来，促进了文人心态上的转变。"大隐住朝市，小隐入丘樊。丘樊太冷落，朝市太嚣喧。不如作中隐，隐在留司官。似出复似处，非忙亦非闲。"（《中隐》），白居易提出的带有中庸色彩的"中隐"观念，为不愿置身于荒无人烟过清贫艰苦生活，也不愿在官场勾心斗角、追逐名利的文人士大夫提供了一个折中的方案：远离官场但不必远离尘世，而是闹中取静，将自然山水搬入城市园内，园林内部是自给自足的理想天地，园林外部的喧嚣市朝也随时可达。"虽与人境接，闭门成隐居"（《济州过赵叟家宴》），物质上的享乐与精神上的怡然自得一并拥有。自唐以后，以隐居壶中天地来抗衡宦海风波，成了许多具有归隐理想的文人士大夫孜孜以求的向往。园林也成为他们寻求精神及肉体彻底自由、解放与超脱的性灵空间，成为其人格精神的

寄托与归宿[6]。"中隐"为这类文人提供了一种更为容易的折中选择，其导致的结果是"心远地自偏"（《饮酒·其五》），地理位置上的"隐"与心境上的"隐"之间的必然性就此消解。

最后，园主个人的矛盾心理增加了文人园林"似隐非隐"的色彩。官场的得意失意是官僚文人们的人生重要组成部分，文人园林的园主多为官场失意后主动或被动退下，但退出只是结果，其中夹杂着失落愤懑、洒脱清高以及园主等待重返朝廷再展抱负的复杂情绪。多少文人尽管总表现出清高孤傲，但仍然会怀有实现自我价值、在官场一展身手的期待，狂傲不羁如李白也会写下"长安不见使人愁"（《登金陵凤凰台》）的诗句。表面退隐世俗的怡然自得与内心渴望东山再起的入世心态并不相悖，丰富矛盾的人性也正构成了文人园林造园思想的重要部分。

2 儒家哲学思想

儒家思想，作为长久以来中国古代封建社会的官方意识形态，渗透在社会生活中的方方面面，上至国家政治、法律法规，下至家庭伦理、人民行为举止，是一种行为准则和价值导向。首先，儒家文化核心之一的"礼制思想"，其核心特征是强调"明贵贱，辨等列"（《左传·隐公五年》）。这种思想通过约束建筑的空间布局、体量大小、材质贵贱、色彩纹样等建筑元素，使得古建筑呈现出清晰的等级秩序，成为一种极具中国传统特色的象征表现形式。文人园林受礼制约束虽不如皇家园林那般明显强烈，但这种社会共同价值导致的思维定式不可避免地影响到园林的营建。尽管在整体上，文人园林呈现诗情画意、自由随意的情趣风格，但受"礼制"影响，园林建筑之间仍然存在着清晰的主次关系：主要建筑规整严谨且有明显的轴线关系，次要建筑轩、亭、阁、廊、舫等自由布置其中，灵活轻快。

其次，儒教发展到了南宋，以朱熹为代表的理学家强调"道义"而轻"事功"，力图通过伦理道德体系的完善来达成天下大治[7]，这一理学思想经由义理学家的发展推崇，逐渐兴盛，成为直至20世纪的中国学术界与官方的正统思想[8]，影响深远。"道义"，即对应儒家基本命题"外王内圣"中的"内圣"，注重修身养德，以德性修养作为第一要义。"事功"则对应"外王"，注重实践层面的建功立业。重"道义"观念为后代文人所接受，文人注重言行举止与人格养成。这种在性情涵养上追求比肩圣贤的积极思想引导着文人的价值追求，也成为他们造园思想的重要组成部分。这一部分将于4.2节中展开论述。

此外，士大夫渴望东山再起的政治抱负其实也正是儒教入世思想影响下的结果。

3　中国传统吉祥文化

刘锡成在《中国象征词典》前言中说："我国的文化象征，大致不外两大系统，即祈福纳吉的生存观念系统和子孙繁息的生殖观念系统。"[9]认知受限和求生本能使得"祈祷"成为古人生命中的重要内容，趋吉避害的心理是吉祥符号、图案产生的直接原因。吉祥物被广泛使用在中国社会生活中，从早期部落的图腾发展到成熟社会形态中衣食住行的方方面面，内容涵盖了从个人的健康长寿到家族的荣华富贵，再到国家的山河统一等多个层级。其中，因同音被视为吉祥象征的现象是中国吉祥文化中的一大特色，它是指利用汉语中一音多字的特点，通过读音的相同或相近，使得某一具体事物与某种吉祥如意的内容或观念产生联系。比如"蝠"象征"福"，"葫芦"象征"福禄"，"鲤鱼"象征"利"等。此外，因为事物自身属性而被赋予某种吉祥寓意，成为象征载体的现象在园林中也比比皆是，如象征长寿的"龟""松"，象征清冷孤傲品格的"梅""菊"等，这些形象在古建筑装饰或植物配置中屡见不鲜。

吉祥是中国传统建筑象征语义表达的一个中心内容，这种浪漫趣味的表达突破了制度规范、习俗约定、地域界限的约束[10]，是古人对美好生活向往最通俗直接的写照。对吉祥如意的追求构成了造园思想中的祥瑞部分。

4　文人园林中的象征表现形式

文人园林是园主理想化生活状态的具体体现，具有象征意境的空间氛围是由山水、植物、小品等具象的载体，以及园林题名这类抽象的载体所共同营造出来的。

4.1　园林命名

园林与园林中的亭、廊、楼等建筑的命名往往隐藏着园主时下的心境。拙政园始建于明正德年间，园主弘治进士、御史王献臣官场失意后，卸任返乡，请画家文徵明设计建成。王献臣借西晋文人潘岳《闲居赋》中的"庶浮云之志，筑室种树，逍遥自得……此亦拙者之为政也。"给园命名为拙政园。"拙"，即笨拙、不灵巧，这里特指不擅长官场上的周旋，与陶渊明"守拙归园田"中的"拙"同意。王献臣在《拙政园图永跋》中写道："罢官归，乃日课僮仆，除秽植援，饭牛酤乳，荷臿抱瓮，业种艺以供朝夕、俟伏腊，积久而园始成……采古言即近事以为名。"显然，拙政园的命名是一种被贬后半自娱自乐、半宣泄心中郁积的自嘲式表达。现拙政园东部区域某一任园主为王心一，拙政园易主荒废后被王心一购入，修建改造后命名为"归园田居"，以表达对陶潜的追随，其含义不言而喻。止园建于明万历年间，园主吴亮规避朝内党争而隐退家乡常州，选址造园命为"止园"，意

为"止仕"，取自陶渊明"始觉止为善，今朝真止矣"（《止酒》）。清光绪年间的退思园的命名也有类似内涵。退思园园主任兰生原任安徽兵备道，任职仅八年遭遇被贬，落职返乡建园，取《左传》中"进思尽忠，退思补过"，将园取名为"退思园"，以表达一种诚恳闭门思过的意味。"沧浪""网师""渔隐"以及耦园的官方英文名称为"Couple's Garden Retreat"……这类文字提名均以抽象的形式承载了一个共同的象征主题，即淡泊名利的"隐逸"思想。儒教熏陶下的中国古代知识分子以道自任，但当理想与专制体制相抵触或仕途不顺时，不可避免地要面对"兼济"与"独善"的矛盾，园林成为园主纠结于"仕"与"隐"之中的缓冲地带。

当然，这种隐逸的象征不只这般简单。拙政园中福禄寿的装饰图案、退思园中"平升三级"（一瓶中插着三戟）的铺地图案，给这种表面的"隐逸"思想还增添了一份耐人寻味的复杂含义——部分文人士大夫对"仕"仍存有留恋与向往。这种矛盾心理在唐中期以后"中隐"思想的加持下，促使一些文人们选择了做一名象征性隐士，在城市之中构建一方世外桃源以彰显自己的独立人格，同时也期盼能再次为官。厌倦官场，辞官归隐，躬耕园林，实属理想；仕途不顺，假隐于园，暂作宽慰，也无可厚非。

4.2　植物配置

园林从本质上说是体现古代文人士大夫的一种人格追求，是古代文人完善人格精神的场所[11]，儒家积极的入世思想和重"道义"的观念拔高了文人的道德准则和审美情趣，高风亮节、德才兼备是文人共同的价值追求。文人通过借物抒情、托物言志的方式来表达志向与心气，暗喻个人品格与情怀。这一点在园林中的运用突出体现在园林植物的配置上，植物选配这一活动往往被赋予了道德层面的象征性。

孔子提出的"比德说"将对客观物体的欣赏提高到了精神层次，植物本无性格品质可言，是人的主观情感赋予了植物情绪倾向。竹四季常青、外实内空、弯而不折、折而不断，文人常以竹子作比喻以表达自己刚柔并存、谦虚的形象。拙政园中的玲珑馆竹林青翠，与馆室内悬挂的"玉壶冰"一起，是园主洁身自好的精神象征。桃花因陶渊明的《桃花源记》而有了理想之境的内涵。留园里西部景区以隐居为主题，参照陶渊明《归去来兮》和《桃花源记》的内容，设亭于山，置溪其中，植桃柳于两岸，并在景区洞口题有"又一村"的文字，成为避世隐居、理想意境的世外桃源象征。归园田居中有一个楼阁为秫香楼，王心一在《归园田居记》中记载："径尽，北折，为'秫香楼'，楼可四望，每当夏秋之交，家田种秫，俱在望中。"秫谷即高粱，用以酿酒，其典故来源于"在县公田悉令种秫谷，曰：'令吾常醉于酒足矣。'"（《晋书·陶潜传》）秫谷经由陶渊明典故后具备了归隐、豪放

超脱的内涵。此外，梅、兰、竹、菊、荷花、牡丹、橘、桃花等都是中国古典园林中常见的象征载体。植物的自然生长特性、美学特性与人生价值、伦理道德观念融为一体，便成为某一文化理念的象征物[12]，和文人借以怡情养性、启迪自身的人文载体。

4.3 装饰纹样

园林中铺装、门窗、瓦当等建筑构件的装饰纹样也是象征文化的重要载体，就其内涵而言，吉祥的题材占据了相当大的比例。文人园林的营建一方面要受到正统官学的影响，另一方面也浸染了民间的审美趣味。其装饰图案既有琴棋书画、岁寒三友的倾慕高雅，同时也充满了富贵长寿、喜上眉梢的民俗情趣。明清时期吉祥文化的发展到达鼎盛，几乎达到"图必有意，意必吉祥"的程度[13]。纸张的广泛使用推动了吉祥图案的发展，这一时期的吉祥图案已逐步迈向统一和成熟。

鱼是园林中最为常见的装饰纹样之一，其象征内涵丰富：在原始社会时期被看作是生殖和多子多福的象征；也比作男子，与荷叶同时出现时有男女爱情美好的象征；又与"玉"同音而象征荣华富贵。鹿，中国古代灵兽之一，因和"禄"同音象征功名利禄；也因在道教中常作为仙人坐骑，有仙风道骨、飘逸潇洒的含义。留园、网师园等园林的铺地中都常见鱼、鹿的装饰纹样。除了以单种事物作纹样以外，几种事物的组合可以形成更为丰富的象征内涵。比如蝙蝠与福同音，被作为福气的象征，与铜钱一起时意为福在眼前（图1）；与祥云一起组合，意为天降鸿福（图2）；与桃、鹿一起时是福禄寿的象征。除了动植物以外，一些器物也常用作园林中的装饰纹样。比如扇，是中国古代八仙传说中汉钟离的法宝武器，用于降妖除魔，是一种驱邪的象征，折扇形的漏窗、窗洞在多个园林中都有所体现。再如宝瓶，为佛教中八宝之首，象征吉祥、清净，沧浪亭、耦园中都有宝瓶形的门洞。

5 结语

文人园林是园主以自己心境所建造出来的理想场所，隐逸思想是其造园思想的显现思想和主要脉络，但园林的内涵绝不仅仅如这般简单。"处江湖之远则忧其君，居庙堂之高则忧其民"，进亦忧、退亦忧的复杂情感使得园主的造园用意并不纯粹，隐逸江湖与等待东山再起心思始终并存。与此同时，文人受儒教文化的洗礼而形成的较高的审美情趣和对高尚品德的追求，以及对如意吉祥世俗观念的向往……种种这些导致造园思想必定是复杂的，由此也成就了文化内涵丰厚、艺术表现手法多样的文人园林。对园林的外在形象进行抽丝剥茧，是其形式背后的象征文化的被解密过程，也是对园林文化和中国文化再理解的过程。

图1 留园窗花图案

图2 怡园山墙雕饰

参考文献

[1] 王铭铭 . 想象的异邦 [M] . 上海：上海人民出版社，1998：55-57.

[2] 童寯 . 大家小书：论园 [M] . 北京：北京出版社，2016.

[3] 方剑娟 . 苏州园林文化思想及艺术表达复杂性研究 [D] . 苏州：苏州大学，2012.

[4] 张淑娴 . 明代文人园林画与明代市隐心态 [J] . 中原文物，2006（01）：58-61，64.

[5] 吴小龙 . 适性任情的审美人生：隐逸文化与休闲 [M] . 昆明：云南人民出版社，2005.

[6] 李红霞 . 论唐代园林与文人隐逸心态的转变 [J] . 中州学刊，2004（03）：120-122.

[7] 张思静 . "道义"与"事功"之辩：论《沈小霞相会出师表》与明清易代前后忠臣观的改变 [J] . 国际儒学（中英文），2023，3（02）：
144-153，191.

[8] ［美］田浩 . 功利主义儒家　陈亮对朱熹的挑战 [M] . 姜长苏，译 . 南京：江苏人民出版社，2012.

[9] 刘锡成 . 中国象征词典 [M] . 天津：天津教育出版社，1991.

[10] 刘柯 . 苏州古典园林建筑象征语汇分析 [D] . 苏州：苏州大学，2009：15.

[11] 曹林娣 . 中国园林文化 [M] . 北京：中国建筑工业出版社，2005.

[12] 余江玲，陈月华 . 中国植物文化形成背景 [J] . 西安文理学院学报（自然科学版），2007（01）：33-36.

[13] 陈启祥，姚笛，金灿灿 . 中国传统吉祥图案的历史演变及特征研究 [J] . 大众文艺，2017（05）：46-47.

作者简介

陈雅琦 /1996 年生 / 女 / 湖北荆州 / 硕士研究生在读 / 无 / 环境艺术设计 / 湖北美术学院

苏州园林碑石拓片展览优化研究初探

A Preliminary Study on the Optimization of Suzhou Garden Stone Tablet Rubbing Exhibition

孙　逊

Sun Xun

摘　要： 随着公共文化服务要求的提升，各文化机构"重藏轻用"的矛盾日益凸显，展览已成为机构向公众传播信息的有效手段。自2019年起，苏州园林档案馆牵头共举办7场碑石拓片展览，将丰富的园林拓片资源与社会共享。但由于园林系统举办展览经验少，加之业界文献展览理论研究失衡，目前展览仍留有一定的进步空间。因此，在简要分析展览现状的基础上，本文从内容阐释以及形式创新两方面对提升苏州园林碑石拓片展览水平的对策进行了初步探讨。

关键词： 苏州园林；碑石拓片；展览

Abstract: With the improvement of public cultural service requirements, the contradiction of "emphasizing storage over use" of various cultural institutions has become increasingly prominent, and exhibitions have become an effective means for institutions to disseminate information to the public. Since 2019, Suzhou Garden Archives has led a total of 7 exhibitions of stone tablet rubbing, sharing the rich garden rubbings with the society. However, due to the lack of experience in holding exhibitions in the garden system, coupled with the imbalance in the theoretical research of literature exhibitions in the industry, there is still some room for progress in the exhibition. Therefore, on the basis of a brief analysis of the current situation of the exhibition, this paper discusses the countermeasures to improve the exhibition level of Suzhou garden stone tablet rubbing from the aspects of content interpretation and form innovation.

Key words: Suzhou garden; stone tablet rubbing; exhibition

碑石刻帖之于苏州园林意义重大。所谓"苏州园林甲天下"，其内众多碑帖其实是引导深化造园的重要因素，堪称为苏州古典园林的一大特色。明清时期金石之风盛行，江南地区士大夫文人多好集古人法帖，加之摹刻、传拓名匠辈出，除了历代法帖，园史记载、文人雅士酬唱之时所作诗文书画也会镌刻于石、环所居壁间，供园主朝夕相对以延展个人翰墨娱情的雅致。可以说，碑帖本就是园史的一部分，其内容本身更是园主个人爱好与社会交往的直接见证，具有极高的历史与艺术价值。

这些融汇于长廊、墙壁、厅堂、轩榭之中的墨迹亦是园林建筑的重要构件，其与树木花草、亭台楼阁一同造就了独特的江南园林人文景观。换而言之，碑帖作为苏州古典园林的重要组成部分，不仅承载了丰富的社会历史信息，并在文化艺术中有着一席之地。2023年7月14日，国家文物局发布《第一批古代名碑名刻文物名录》，留园碑帖《二王法帖之破羌帖》与《仁聚堂法帖之赵孟頫书兰亭序》列入其中。其能在全国1658通（方）重要文物中占有两席，重要性可见一斑。如何在保护与研究的基础上加强公众对苏州园林碑石刻帖的认识，并更好地传承这一珍贵的物质文化遗产？展览不失为一种有效手段。自2019年起，苏州园林档案馆牵头共举办7场苏州园林碑石拓片展览，将丰富的拓片资源与社会共享，但其中也反映了一些问题，亟待改善。

1　苏州园林碑石拓片展览的价值

首先，碑石拓片展览有助于盘活物质文化遗产，并提升公众对于园林艺术的认知。在纸本文献遗缺的当代，石质文物是极佳的研究资料。虽然碑帖以石刻方式嵌入墙中受风雨侵蚀较小，但由于苏州地区日晒充足且温润潮湿，随着时间推移仍会出现风化现象。早在20世纪50年代修复苏州园林时便为书条石定制了木框玻璃罩保护。但由于刻帖基本为阴刻容易积灰，加之清洁传拓周期较长且工作量大以至于清理频次较低，刻帖因久未传拓而较为暗淡，书迹也渐有模糊。20世纪90年代，各园林分别对园内碑帖进行传拓，但水平参差不齐，内容多有遗缺。2009年，在苏州市园林和绿化管理局的牵头下，苏州园林档案馆对各古典园林进行了全新的传拓，并对碑刻的位置、内容等进行摄影摄像和文字记录，使档案数字化。作为档案材料，苏州档案局、苏州园林档案馆保存了苏州园林书条石的全套拓本和照片，但档案材料不轻易示人。整理好的拓片不应该只是单纯地在库房里保存起来，而需发挥其在各个领域的使用价值，提高其利用率，举办展览不失为让它"活"起来的一个好途径。

其次，园林系统举办碑石拓片展览有助于树立良好的公共服务形象。碑石拓片作为学习和研究书法的重要材料，被历代文人墨客视为珍宝。就书迹本身而言，无论是摹拓还是刻石，苏州园林碑帖所蕴含的艺术与文献价值蔚为大观。从古代经典法帖到明代吴门四家，再至有清一代翁同龢、刘墉等名人手迹，篆、隶、真、行、草五体具备，几乎每园必有且各有侧重。仅就书条石而言，对现如今苏州园林中刻帖的数量进行初步不完全的统计，各园林单位共有书条石1260方，若以每个园子中所持有的书条石的数量来划分，留园以383方占据榜首，700米的长廊上嵌有书条石300余方，从晋代钟繇、二王至唐、宋、元、明、清等南派帖学诸家应有尽有（图1）。次之为怡园，六朝、唐、宋、元、明清各朝书法作品共101方，其中王羲之《玉枕》《兰亭序集》、褚遂良《千字文》等最为珍贵。狮子林以《听雨楼藏帖》为主的72方书条石列第三，内有颜真卿《访张长史请笔法自述帖》、褚遂良《枯树赋》、苏东坡《游芙蓉城诗》《九成台铭》、米芾米有仁父子行书、赵孟頫草书等，均为嘉庆年间收藏家周立崖将所藏书法真迹勾勒摹石而成。中国四大名园之首的拙政园内则有文徵明撰写《王氏拙政园记》《千字文》、孙过庭《书谱》等刻帖32方。此外，环秀山庄、

图1　留园爬山廊 [1]

网师园、沧浪亭等余下苏州各大园林中均有一些书条石，而作为目前中国唯一的园林专业档案馆苏州市园林档案馆内还藏有书条石拓片9184张、拓本37册。如此丰富的书法、艺术资源与社会共享，既能回应社会公众对本系统书法艺术和碑帖藏品展示的期待，助力于园林系统树立良好的公共服务形象，更能倒逼从业者加大加深对碑帖的研究，改进办展水平。

再者，苏州园林碑石拓片展览的举办有助于赋能城市力量，彰显苏州作为书法城市的价值。苏州是全国第一个颁发为"中国书法名城"的城市，作为书法名城，不仅是因为历史上出现过"天下法书归吾吴"吴门书派的辉煌，还包括了苏州的书法艺术鉴藏与园林书法。苏州园林中的刻帖已成为书法艺术陈列的重要载体，成为苏州这个城市不可或缺的精神性建构要素，成为书法普及与繁盛的一个重要标志。

2　苏州园林碑石拓片展览的现状

园林系统自2019年起共举办过碑石拓片展览7场（表1）。虽然各展的展标有所不同，但均是园林系统围绕"天堂苏州·百园之城"这一政府的决策部署推出的项目 [2]，属于主题巡回展。就展览主题而言，7场展览展出的是苏州园林档案馆所藏各个园林拓片精品；就展览思路而言，展览属于审美型展览 [3]，以"园"为单位对展品进行划分、陈列，重点意在呈现拓片本身的书法艺术之美。

其实，苏州园林的碑石刻帖有很多信息值得挖掘，仅就刻石风格而言，每一块背后都蕴含着复杂的个人、社会、历史因素，以期娓娓道来。拓片的真实性和唯一性的属性固然重要，但其真正价值并非于此，机构即便宣告了它拥有这些真实而唯一的物证，但观众在欣赏后可能对所载信息依然一无所知。因为多数观众并不乐意阅读大量的立体教科书；即便有阅读意愿，通常也会因读、

表 1　苏州园林碑石拓片展览概览

主题	时间	地点
天堂苏州·百园之城——苏州古典园林书条石拓片展	2019 年 2 月 14 日—2019 年 2 月 24 日	广州市越秀公园
天堂苏州·百园之城——苏州古典园林书条石拓片展	2019 年 7 月 19 日—2019 年 8 月 30 日	成都武侯祠博物馆
天堂苏州·百园之城——苏州古典园林书条石拓片展	2019 年 10 月 16 日—2019 年 11 月 16 日	北海公园
镌拓留痕——苏州古典园林书条石拓片展	2019 年 11 月 20 日—2019 年 12 月 29 日	中国园林博物馆
镌拓留痕——苏州园林碑石拓片展	2020 年 6 月 26 日—2020 年 7 月 12 日	艺圃
镌拓留痕——园林碑石拓片展	2020 年 9 月 23 日—2020 年 10 月 25 日	上海豫园
镌拓留痕——苏州园林碑拓精品展	2021 年 9 月 10 日—2021 年 10 月 25 日	山西晋祠博物馆

写习惯的方法或障碍而难以持久。目前所举办的拓片精品展毫无疑问极大满足了观众接触实物、视觉与心灵上对于"美"的享受，但其实机构在展览内容策划上仍留有更大的进步空间，以满足观众的智识需求。除了通过展览传递知识，更需具备配套活动衍生化的思维，也就是围绕与配合藏品、展览、研究，开展延伸和拓展服务。检索发现，这 7 场展览均开展了讲座、传拓体验等活动，增强了观众的参与感、丰富了展览的教育性，但机构在分众化活动上仍可以做出更多的创新。此外，机构也可在预算充足的情况下进行配套的文创开发。

究其原因，上述不足的产生主要有以下两点。其一，园林系统举办展览经验少。据前文可知，园林系统举办碑石拓片展也不过是近 5 年的事情。有别于博物馆，各园的工作重心在于花草树木的养护、园容园貌的维护及基础建设的管理，展示陈列也多围绕明清家具和花卉盆景，对于碑石刻帖的工作也主要集中在内容研究和保护修复上，以拓片的形式设计展览向公众展示也在起步阶段。其二，文献收藏机构未完成"以文献为中心"到"以人为中心"的转向，展览理论研究的失衡成为制约办展水平的重要因素[4]。当前此类展览通常直接将拓片、碑帖、善本等文献作为展示对象，或类似博物馆通史陈列将文献嵌套其中点缀左右，忽视了文献作为"物证"的真正价值即文本所载信息和观众的识读能力，导致展览效果不佳。

3　提升苏州园林碑石拓片展览水平的对策

3.1　内容为王，挖掘展览的深度与广度

不同于器物，碑石拓本作为文献其本体信息趋同——多以词语符号表达，载体主要为纸，表达方式、材质、外观、功能信息都较为相近。同时，其所载信息通常为隐性信息——多以文字为主，短时间识读较难。而观展中的学习体验主要是在站立和行走，若集中注意阅读大量语词符号，极易引起疲劳。这就要求机构对信息进行解读、转化

和阐释，从而构建文献与观众之间有效的交流体系。因此，机构急需借鉴博物馆策展中信息定位型展览的理念与做法[5]，即重视展览主题的选择、展览结构的安排、展示内容的组织和视觉形象的表达，实现展览的教育目标。

机构在举办展览时，不仅要针对碑石拓片做好全篇幅通体撰写释文（含题跋）、说明（知识拓展）的基础工作，包括对章草书、行书、异体字、避讳字的释读，对印章、真伪的辨别，对法书的鉴藏，著录历史的追溯，历代集帖普及等，更要发挥主观能动性，通过挖掘文献所载及背后信息找到与众不同的切入点，提炼主题，使得展览定位得到聚焦，并以故事线进行可视化阐释[6]。近年来，石刻研究成为学界的热点。仇鹿鸣提出了碑刻研究的 4 个新观察角度：碑作为景观的象征意义；碑作为信息与知识传播媒介的社会功能；石刻生产过程中的社会网络；作为政治、社会事件的立碑活动[7]，这无疑给展览策划提供了无尽的启发。因而，在选取展览主旨时，除了传统的历史学、书法学、图像学研究，更可以从技术史、社会史等角度去剖析刻帖背后的时代背景、社会交际圈及物品流转等一系列问题。以刻帖在私人园林产生与兴起这一主题为例，除了关注以文人阶层为主体的清玩文化发展，还可以将目光投入明代吴门刻工。明代苏州拥有完整的刻碑产业链，从撰文、书石、钩摹、登石、镌刻到拓描，行行皆有能手。这些产业链多以家庭为单位组成，特别是刻工群体，如章氏、温氏等是当地刻工世家，他们"代相传承，并以家族为业"[8]，依靠刻碑手艺立足谋生。通过阐释刻工的生活与欲望，不仅可以管窥 16 世纪苏州文人与刻工的合作方式，还能为晚清士风与碑拓流通研究提供新的视角，更能让苏州园林碑拓展览办出属于自己的特色。

3.2　形式创新，提高展览对公众的持续吸引力

现代展览策划，对观众的认知是所有需考虑因素的绝对基础。考虑到不同群体对苏州园林、书法刻帖等相关概念的认知程度不同，主办方需要平衡展览中审美与

叙事的比重，借助多元的阐释方式，将展品所蕴含的信息有效传达给观众，拉近其与观众的距离。

3.2.1　改进展览的形式设计

碑石拓片艺术是黑白的、全文字的艺术，在展厅里集中呈现会显得整体色彩单一、内容单调，观众在观展过程中容易产生疲乏感和压抑感，如何将如此大体量的文字信息有效地传达给观众并减缓其疲劳是博物馆展览设计中最大的问题。

首先，在秉持不干扰观众欣赏展品为原则的前提下，将重点展品中观众认知度较低的行书、草书释文、题跋等一一断行排版并与展品对应，并将释文、题跋、知识拓展等其他文字信息及图片制作成二维码，方便观众自由观展。其次，考虑到如《淳化秘阁法帖》《三希堂法帖》等碑帖各卷有"分人不分帖"的特点（即同一书家的多个帖之间没有明显的间隔），可设计制作与书迹、题跋、题签对应的"书签条"，方便观众快速找到自己所喜爱的书家或是有兴趣的内容。再者，为了避免观赏性不够的情况，可创设情景还原的空间——将碑圐、书房帖架、盆景小品、文玩摆件等古人读书的器物搬入展厅，提升观众的阅读感和现场感。此外，考虑到一些观众由于地域、时间等因素不能亲临现场，还可打造数字展厅，通过"云展览"的方式突破时空的界限。一如苏州园林档案馆在山西晋祠博物馆举办碑帖展时，将现场进行全景扫描制成高清的线上展览，方便随时随地回看。这一举措不仅能将展览推广给更多的观众，同时也作为一种特殊的教育产品永续或间歇性地留存下来（图2）。

3.2.2　丰富教育活动类型

任何观众群都是由许多不同类型的个人组成的，他们来自不同的年龄层，有着不同的教育水平与兴趣品位。显而易见，展览的目的在于尽量为多类型的地方民众与其他潜在观众服务，但要让所有考量全部在一个展览中呈现是不太可能的。因此，与展览相关的延伸活动以及文创产品就是一种有益的补充。

一方面，要开发与利用碑帖内在的教育资源，设计不同类型的活动。主办方不仅可以邀请研究领域的专家开展与展览主题相关的讲座，还可以开展专家导赏活动探寻书法艺术之美，更可以举办阅读沙龙，带领观众深入学习碑帖。面向儿童群体，还可设计以儿童观众为中心的参观路线并加强针对儿童观众的讲解工作。同时，为了增强展览的参与性、互动性和趣味性，还可以设置以多媒体展示、实物展示、碑刻大师现场技艺展示为主的碑刻技艺展示区和以数字书法互动触屏、实体互动为主的碑刻技艺体验互动区。考虑到分众化需求，还需"因人制宜"地推出不同传拓体验项目。如面向书法爱好者，可以复制机构所藏具有代表性的、观众喜闻乐见的书法作品；面向中学生群体，可以针对学生高考、中考，开发"状元及第""金榜题名"等具有古代科举文化内涵的吉祥图文碑，并以朱砂拓印；面对儿童群体，则可以开发以图像为主的碑帖[10]。另一方面，主办方可以加大对文创产品的开发。设计巧妙、制作精良的文创产品不仅具有延展参展体验、强化观展记忆的功能，还能起到古意今解、深化展览主题的作用。

图2　山西晋祠博物馆"镌拓留痕——苏州园林碑拓精品展"云展览[9]

3.2.3　加强宣传推广

无论何种宣传推广，都涉及媒体渠道。碑帖属于书画里的"小众文化"，除了需要在官网、微信公众号、微博等社交媒体平台"官宣"展览开幕外，在对外做宣传推广时可选择以园林、艺术史、文博等为主的公众号，如展玩、博物馆看展览、文博圈等，尽力将展览"通知"到每一位对书法艺术感兴趣者以及业界同人。同时，在展览期间，主办单位需要跟进展览前中后三阶段的宣传，从而达到完整且持续的推广效果。湖南省博物院在举办"烟云尽态——湖南博物院藏《三希堂法帖》展"时就在微信公众号上发布《"烟云尽态"啥意思？最接地气的官方解读来了》《原来你是"这样的"赵孟頫》等推文，趣味的表达方式，激发观众阅读欲的同时宣传了展览的重、亮点。

4　结语

碑石刻帖是中国古代文化传承的重要载体，是史料的一部分，也是历史研究的重要佐证之一。碑石拓片的真实性和唯一性固然重要，但其真正价值在于教育，即给观众带来智识的提升。如何将此类丰富的信息传达给观众并启迪观众，展览不失为一个好途径。好的立意是展览成功的开端，但要避免"行百里者半九十"情况的发生，还需内容策划与形式设计的加持。考虑到社会大众对以碑石拓片为对象、以审美型为主展览的认知程度差异，并有效避免展览内容形式的同质化，机构需要通过多样的释展方式加强展览的叙事性。同时，还需加大展览配套活动与文创产品的开发，从而为观众创造多元的体验。此外，机构还需加强宣传推广，营造良好的办展、观展氛围。

参考文献

[1] 漫步园林话法帖｜留园书条石［EB/OL］.（2022-12-02）［2024-06-03］.https：//mp.weixin.qq.com/s/XNoFFvRY0nitJJqvS2WbNA.

[2] "天堂苏州·百园之城"建设专题［EB/OL］.（2022-02-23）［2023-05-09］.http：//ylj.suzhou.gov.cn/szsylj/ttsz/ttsz.shtml.

[3] 陆建松.博物馆展览策划理念与实务［M］.上海：复旦大学出版社，2016：11.

[4] 周婧景.被忽视的"物证"：博物馆学视角下的文献收藏机构展览刍议［J］.自然科学博物馆研究，2020，5（02）：31-38.

[5] 严建强.从器物定位到信息定位：对《博物馆有"器物定位型展览"吗？》一文的回答［J］.中国博物馆，2012（02）：117-120.

[6] 周婧景，严建强.阐释系统：一种强化博物馆展览传播效应的新探索［J］.东南文化，2016（02）：119-128.

[7] 仇鹿鸣.读闲书［M］.杭州：浙江大学出版社，2018：73-80.

[8] 程渤.明代吴门刻工研究［J］.南京艺术学院学报（美术与设计版），2014（05）：43-47.

[9] 镌拓留痕：苏州园林碑拓精品展［EB/OL］.（2022-11-23）［2024-06-03］.https：//tech.chinajinci.com/lz/jtlh/.

[10] 刘逢秋.浅谈专业性博物馆的儿童教育：以苏州碑刻博物馆为例［J］.苏州文博论丛，2013（00）：221-224.

作者简介

孙逊/1998年生/女/江苏苏州/复旦大学文物与博物馆学系2024级博士生

图像的背后：汉代园林的隐喻空间研究

Behind the images: A study of metaphorical space in Han Dynasty gardens

梁恭俭

Liang Gongjian

摘　要： 园林作为汉画艺术的重要组成部分是探析汉代园林发展的素材之一，对分析汉代空间观念有着重要的研究意义与价值。运用图像学和文献研究相结合的方法，探析汉代园林图像中的各种构成元素，推导出汉代园林所蕴含的多元空间模式及其隐喻。研究表明：汉代园林不止步于对纯粹意境的表达，旨在为汉代人提供一个再生的理想空间，图像的背后实则隐喻着汉代墓葬文化对艺术表达的支配，既是自然图像与符号图像的结合，也对园林景观起到限定或补充作用。

关键词： 汉代；园林；汉画像；隐喻；空间

Abstract: As an important part of Han painting art, garden is one of the materials to explore the development of Han Dynasty garden, which has important research significance and value to analyze the concept of space in Han Dynasty. Using the method of imagology and literature research, this paper analyzes various elements in the garden images of Han Dynasty, and deduces the multi-spatial pattern and its metaphorical implication. The research shows that the garden of Han Dynasty is not only the expression of pure artistic conception, but also aims to provide an ideal space for Han Dynasty people to regenerate. Behind the image is actually a metaphor for the domination of Han Dynasty tomb culture on artistic expression, which is not only the combination of natural image and symbolic image, but also plays a limiting or complementary role in garden landscape..

Key words: Han Dynasty; gardens; portrait of Han Dynasty; metaphor; space

园林，在历史的长河中不断发展和演变，凝聚着人类智慧与哲学思想，并形成了丰富的内涵。汉画是中国两汉时期的艺术，其包括汉画像石、画像砖、壁画、帛画、漆画、玉饰、铜镜纹饰等图像资料[1]。汉画涵盖的内容众多，园林作为汉画的重要组成部分，融入了艺术家的创造灵感，是一门涉及建筑、山水、植物等的综合艺术。与此同时，汉画像中的园林并非孤立存在，而是紧密依托于图像空间的支撑，并且空间因素在园林艺术中发挥着关键性影响。

1　隐喻空间

汉画像中的园林图像隐喻着汉代墓葬文化精神，并不完全只是对现实园林的再现。隐喻空间指的是以汉画像为物质载体的园林图像，通过依附于表面上的各类局部元素所营造出的意义空间，在这层空间之下以汉代的墓葬文化为本体，园林作为喻体来表达（图1）。追溯到汉朝当时，整个社会普遍充斥着对永生的渴望，以及人们对升仙思想的狂热迷恋，而汉画像中的园林图像正是利用隐喻的手法满足了汉代人对来生期待的心理。

　　不同空间的表达方式反映出的艺术目的和意图是不一样的，园林图像是对真实园林空间的提炼。从图像视角分析，虽然图像的内部空间受限于图像以及绘画媒介本身，但是人们依旧可以通过图像感知比图像本身更多的信息。另外，在封闭的图像之下艺术家却有意地为观者提供"特殊的渠道"并创作出互动的机会，用巫鸿先生的话来说就是："一个介于超自然世界和现实世界之间的中间层面——一个可以用形象隐喻但却无法具体图绘的层面。"[2] 由此，图像中的各个局部构建为汉代园林图像空间赋予了隐喻意涵，它们共同搭建起自然图像和符号图像之间的桥梁。

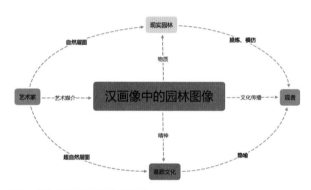

图1　隐喻空间解析图（笔者绘制）

2　园中之水

　　古往今来人类乐水而居的思想根深蒂固，在园林造园时也特别重视理水，画像石和画像砖中的水榭图恰恰表现了汉代园林的水景。王延寿的《鲁灵光殿赋》载："阳榭外望，高楼飞观。长途升降，轩槛蔓延。渐台临池，层曲九成。"[3] 榭为建在高土台上的敞屋，多建在水边，故称之为水榭。藏于山东曲阜孔庙的水榭图（图2），水榭下方的水中有鱼、鳖在自由地游动，亭中有一人在钓鱼嬉戏，两人坐观。亭外有三层，上层刻画神医扁鹊为一人治疗，中层三人正在六博游戏，下层有一人坐着。亭在园林中频繁出现，苏轼也曾写诗《涵虚亭》："惟有此亭无一物，坐观万景得天全。"说明亭可以吸纳景色，带给人以丰富的空间感受。此外，东汉晚期的水榭图（图3），水榭上端坐一人，斗拱上各有一人，其中一人在垂钓，榭梯处有三人正在登榭，水中除了有鱼、鳖和瑞兽以外，画面上方还有带翅膀的羽人。现藏于滕州市博物馆的水榭图（图4），画面中央刻一主人端坐着，右边有一水榭，有一人在垂钓，另外一人在坐观，登榭的楼梯上还有几只猴子。通过这三幅水榭图可以看出，亭榭高临于水面之上，均呈现出人登梯上亭榭的状态，这一刻画恰恰隐喻着西汉时期的方士公孙卿所秉承的"仙

图2　水榭图（一）
（《中国画像石全集·第2卷·山东汉画像石》，第15页，图四六）

图3　水榭图（二）
（《中国画像石全集·第2卷·山东汉画像石》，第65页，图一九一）

图4　水榭图（三）
（《中国画像石全集·第2卷·山东汉画像石》，第63页，图一八七）

人好楼居"观念。

水作为园林中必不可少的重要部分，不仅在视觉上产生欣赏空间，还可以在涓涓水声的听觉中产生享受空间，反映出"水是园林的灵魂""园无水而不活"的造园观念。与此同时，水榭图中的"水体"并没有进行直接的描绘，而是通过刻画一系列众多的水生生物来隐喻和凸显水的存在。即使是再简单的自然景观也被赋予着汉人的哲思，这种对水体的主观体验往往通过图式展现并作为人的精神寄托[4]，一方面折射出古人对水的领悟："当水虚空时，变得无形无状。"[5]这是抓住了水透明的特性，同时清晰可见的水下生物则是包含有水清如鉴的人性哲理含义；另一方面，汉代的艺术家将园林图像中的水与建筑进行巧妙处理，将画中的各个部分连接到一起，使整体画面趋向于统一。并且考虑到登榭的楼梯在水中形成优美的倒影，增强了画面的空间层次感，体现中国传统园林中"园必隔，水必曲"的造园手法，也营造出干与旱两层空间变化[6]。

汉画像作为墓葬艺术的集中表现，园林图像也必定与墓主人相关联。园林中的水体首先隐喻着墓主人生命的流逝，是汉代艺术家对自然万物赋予人性关怀的一种表现形式。其次，园林之水还代表着地下阴间江河的源泉。因为在中国传统观念中，水为北方代表着阴和黑色。另外，古文献《史记·郑世家》中记载："不至黄泉，毋相见也。"[7]汉代人相信人死后会居住于黄泉，而水面上的船，它们随流水漂泊暗示逝者得以安息，也寄托着其灵魂顺利抵达黄泉的愿景。由此可见，园林中的水不仅仅分割了干和湿，还隐喻着阴界与阳界的分隔，象征汉代人由死亡到再生的宇宙观，最终随着园林中的水体四处流溢，使汉画的空间在流动中拓宽，并在变换中流动。

3　园中之桥

早在秦代时期，园林中的桥不仅发挥连接两岸的功用，而且更重要的是艺术家还开始留意到桥对水体的划分。汉代是桥梁技术发展的重要时期，从目前出土的汉画像和汉画砖来看，汉代图像层面的桥梁图式保持着较为固定的组合模式。桥梁在园林图、胡汉战争图、楼阁建筑图、车马出行图中经常出现。山东苍山县卞庄乡城前村出土的汉画像石（图5），桥上一路人驾着马车从桥上通过，桥下的水面有船通往。整体而言画面被桥分为两部分：桥上的车马和桥下的水面。通过桥对画面形式与内容的划分，一方面增强了画面的空间感，另一方面使桥上的车马及人物的主体形象更为突出。同时，园林中的桥起到了运转与停驻双重空间属性，并通过桥这种特殊的园林局部构建改变了游客观赏园林的路线和方式。而与桥相搭配的水体则呈现出一种开放流动的状态，使得园林图像中的水、建筑、人物相互连接和凸显出园林空间的独特意境。

结合汉代墓葬艺术的隐喻视角分析，园林图像里的桥表面上看似让游人和车马通往彼岸，实质上它还给"封闭"的画面获得了一条特殊的"通道"，兼具连接和分割的双重性质。四川彭州出土的车马过天桥图（图6），一位手持盾的引导者正在带领坐在骖车上的主人通过拱桥，右边的亭状建筑还有一位似乎在出门迎接的侍者。汉画像中的桥不可以单单视为连接双向的工具，而应将其外在功能转化为对内在性质的揭示，在时间和空间层面上，既是当下与过去时间节点的连接，也是此岸和彼岸的交融。笔者还认为，所谓的"彼岸"，实质上还暗示着现实与虚拟世界、生与死之间的互通，即汉人的生死观和宇宙观的图示化表达。因此，园林中的桥给予了观者和逝者沟通的空间，具有生命转化的象征含义，而桥上经常出现马车带领主人前行的场景则是隐喻通往彼岸的升仙之路，目的是表现墓主人的灵魂顺利抵达彼岸，达到汉代人内心所热衷的视觉和精神的双重满足。

图5　车马出行图
（《中国画像石全集·第3卷·山东汉画像石》，第91页，图一〇三）

图6　车马过天桥图
（《中国巴蜀汉代画像砖大全》，第171页，图一六九）

4　园中之生物

　　植物的配置是园林艺术中不可或缺的一部分，汉代园林在植物配置方面已经较为细致地考虑到植物的种类、品质、观赏性等问题。汉画像、汉画像砖石上也有不少精心刻画园林与植物的内容，体现出汉代人当时对绿化的重视。四川出土的一园林画像砖，画面为一座五脊房院，左右两边有较矮的房屋，院内种植树木，树上还有鸟儿飞翔。河南郑州出土的东汉画像砖（图7），整体画面刻画了数种花纹图案，并且植物呈现出挺拔生长之势，增强画面装饰性的同时表现出宜人的空间感。而在楼阁的院内还有凤鸟鸣唱，画面极具浓厚的生活气息。另外，在这些园林图像中还发现汉人考虑到植物种植密度和排列方式，使封闭的图像呈现出一种被大自然包围的感觉，这充分展现出汉代园林景观的巧妙配置。

　　在古代农业民族中人们普遍信仰植物有灵的观念[9]，人类学家弗雷泽在著作《金枝》中也印证了"神树崇拜"的观念[10]。汉学家费慰梅的研究更是认为汉画中那些"样式化的树"具有通往天国的功能[11]，如此一来，树被看作沟通天地的中介并形成一种神树崇拜的现象在汉画像中相当常见。园林图像中的生物大多数不是对现实动植物的直接模仿，而是经过作者特殊的加工和处理。柏树常见于庭院、祠堂周围，汉人习惯于在坟墓周围种植柏树，隐喻着逝者灵魂长眠在此，由于与死亡产生关系而成为丧事的标志[11]。张衡《西京赋》曰："神木灵草，朱实离离。"表明在汉代，松树和柏树均有"神木"之称，且有辟凶的功用[12]。若是纵观园林中的生物种类及数量，会发现各类生物基本与园林建筑物巧妙配合，并且它们均发挥了绿化功用及审美价值，丰富了园林的层次感。

　　另外，汉代普遍种植荷花，在园林图像中也常有莲花出现。它作为园林中高频出现的水湿植物之一，美化环境的同时令画面点线面元素相结合，并且汉画像石中的莲花图式还具有隐喻之意。首先，莲花代表古人对生

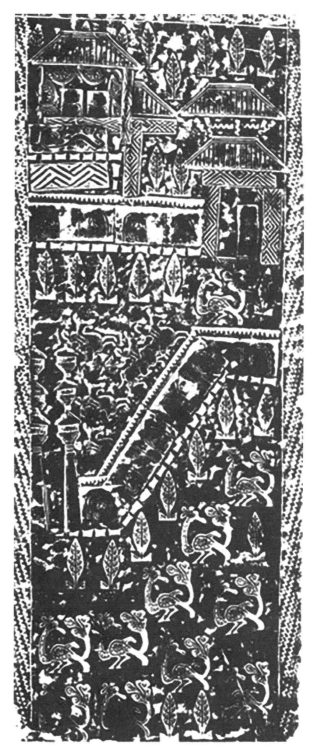

图7　园林
（《中国汉画造型艺术图典·建筑》，第58页）

殖能力的崇拜，主要反映在莲花的莲子上。出土于徐州的鱼嬉莲花图汉画像石（图8），可以视为园林场景的一个特写，图像中鱼嬉莲花隐喻着阴阳之间的结合，具有

子孙繁衍的象征意义。其次，莲花的图式还折射出汉代人天圆地方的宇宙观，代表汉人所热衷的升仙思想。与此同时，园林图像中也常有鱼的刻画，《天中记》云："鲤鱼，至阴之物也，其鳞故三十六。"[13] 这段古籍指出鲤鱼为水中生活的阴性生物。同时，鱼在水中自由游动嬉戏，"如鱼得水"隐喻了逝者的精神家园得到满足，并且园林中的鱼多为鲤鱼形象，意味着将鲤鱼多子多福的象征带到来世。

园林在汉代人眼中是他们自我建造的天堂，园林中的各类生物共同构成了有机的自然景观，汉代艺术家有意识地创造园林景观中的动植物，通过改变其环境设计来获得美的享受。因此，动物、植物在汉画中的园林空间呈现出"有生命的有机体"[14]，它们需要依附于阳光、水分等自然环境。同时，植物在汉画中出现也隐喻着时间的变化，植物的生长、季节的更替会带来不同的时空变化，将墓主人美好的愿景延续至另外一个世界。

图8　莲花、鱼画像
（《中国画像石全集·第4卷·江苏、安徽、浙江画像石》，第129页，图一六九）

结语

汉代园林的隐喻空间作为汉代艺术家有意与观者进行"对话"的媒介，发挥着沟通现世与来世"特殊通道"的作用。园林景观采用水体、桥、各类生物创造出不同属性的空间，使观者获得园中美感之余，还萌发出图像背后汉人所秉承的宇宙观。同时，园林中的符号图像和自然图像共同搭建起汉人的理想空间，一方面这种精神上的"内在构想"需在图像及构成的关系中隐喻出来，另一方面也为今日探析汉代园林的艺术特色提供了新的研究视角。

参考文献

[1] 朱存明.汉画像的象征世界 [M].北京：人民文学出版社，2005：1.

[2] [美] 巫鸿.中国古代艺术与建筑中的"纪念碑性" [M].李清泉，郑岩，等译，上海：上海人民出版社，2017：105.

[3] [梁] 萧统.文选 [M].[唐] 李善，注.上海：上海古籍出版社，1977：171.

[4] 泰祥洲.仰观垂象：山水画的观念与结构研究 [M].北京：中华书局，2011：39.

[5] [美] 艾兰.水之德与道之端：中国早期哲学思想的本喻 [M].张海晏，译.上海：上海人民出版社，2002：59.

[6] 陈从周.说园 [M].上海：同济大学出版社，2007：12.

[7] [汉] 司马迁.史记·郑世家 [M].刘兴林等，点注.北京：中国友谊出版公司，1993：228.

[8] Wilma Fairbank. A Structural Key to Han Mural Art [J].Harvard Journal of Asiatic Studies，1994，7：52-88.

[9] 马昌仪.魂兮归来：中国灵魂信仰考察 [M].北京：中国社会科学出版社，2017：68.

[10] [英] 弗雷泽.金枝 [M].徐育新，汪培基，张泽石，译.北京：中国民间文艺出版社，1987：169.

[11] [日] 平松洋.名画中的符号 [M].俞隽，译.南昌：百花洲文艺出版社，2017：130.

[12] 顾颖.汉画像祥瑞图式研究 [D].苏州：苏州大学，2015.

[13] 陈耀文.天中记：卷56 [M].上海：上海古籍出版社，1991：668.

[14] 李雄.园林植物景观的空间意象与结构解析研究 [D].北京：北京林业大学，2006.

作者简介

梁恭俭 /1998 年生 / 男 / 硕士研究生 / 研究方向为美术理论与汉画像艺术 / 江苏师范大学美术学院

西安市园林文化内涵与传承发展研究

Study on connotation and inheritance development of Xi'an landscape culture

曹子旭　　赵宇翔

Cao Zixu　Zhao Yuxiang

摘　要： 中国园林文化是中华优秀传统文化的重要组成部分，具有重要的文化价值。西安是中国风景园林的发祥地之一，孕育了中国风景园林早期的审美观念及风景实践，西安市的园林文化历史悠久且影响深远，研究认为"园林"文化体现中国先民认知，表达人与自然关系的思想脉络和营建手法，论述了西安市园林文化"因山而成"的风景营建体系，中观园林的源头之一及其东方美学意义的世界性价值，并从史地、在地的双重维度中整理出园林文化在西安的发展脉络，以期引导学人及专业从业者深刻认识西安园林文化的深厚传统，实现优秀园林文化在西安的在地性诠释与创造性转化。

关键词： 园林文化；风景营建；形胜思想；一池三山；西安市

Abstract: Chinese landscape culture is an important part of Chinese excellent traditional culture and has important cultural value. Xi'an is one of the origins of Chinese landscape architecture, which gave birth to the aesthetics and landscape practice in the early stage of Chinese landscape architecture. The garden culture of Xi'an has a long history and far-reaching influence. The study believes that landscape culture reflects the thought context and construction methods of Chinese ancestors in recognizing and expressing the relationship between man and nature, and discusses the landscape construction system of Xi'an landscape culture, which is "formed by mountains". One of the sources of middle view garden and its world value of Oriental aesthetic significance. It also arranges the development vein of landscape culture in Xi'an from the dual dimensions of history and place, in order to guide scholars and professional practitioners to deeply understand the profound tradition of Xi'an landscape culture, and realize the local interpretation and creative transformation of excellent landscape culture in Xi'an.

Key words: landscape culture ; scenic construction ; Xing Sheng ; A Pond and Three Mountains ; Xi'an city

西安市园林文化源于"八百里秦川"的陕西关中地区，关中地区自古为自然环境优越的"形胜之地"，历经周、秦、汉、唐 13 代王朝在此建都，是中华优秀传统文化积淀深厚之地。历史上形成的形胜思想、一池三山、文人造园等园林文化，成为中国风景园林乃至东方山水园的一种模式。其思想观念和营建手法，对西安当代风景园林建设具有重要的影响：一是面对社会发展需要，认识和保护风景园林文化遗产，不断修复、适当重建和新建；二是传承传统造园模式和手法，满足市民现代生活和对传统文化的精神需求；三是发扬优秀传统园林文化精神，通过诗词点景，营造情景交融的地域性现代风景园林文化特色。本研究总结了以西安为代表的关中地区沉积出的优秀园林文化，梳理了西安园林文化的发展脉络，以及如何深刻阐释园林文化对西部社会及学术的影响，引导学人及从业者深刻认识西安园林文化的深厚传统。从史地、在地的双重测度中析出、重构具有当前人居适应性的园林文化及园林文化应用，实现优秀园林文化在西安的在地性诠释与创造性转化。

1　西安市园林文化内涵和价值认知

1.1　"园林文化"内涵的理解

1.1.1　中国园林文化是中华优秀传统文化的重要组成部分

2017年春节前夕，中共中央办公厅、国务院办公厅出台《关于实施中华优秀传统文化传承发展工程的意见》，首次以中央文件形式专题阐述中华优秀传统文化传承发展工作。该文件将中国园林列为中华传统文化代表性项目，明确指出支持中国园林走出去。2021年8月，习近平总书记在承德避暑山庄考察时指出："园林文化是几千年中华文化的瑰宝，要保护好，同时挖掘它的精神内涵，这里面有我们中华优秀传统文化基因。"2021年9月，中共中央办公厅、国务院办公厅下发《关于在城乡建设中加强历史文化保护传承的意见》，要求进一步保护、利用、传承好历史文化遗产，延续历史文脉，推动城乡建设高质量发展。

1.1.2　园林文化体现中国先民认知、表达人与自然关系的思想观念和营建手法

园林文化是人类在从古至今的造园实践和园林绿化过程中所获得的物质、精神的生产能力和创造的物质、精神财富的总和，园林文化（landscape culture）可以解释为自然环境景象与人类有意识地感知、表达所形成的

文化活动之间存在的4种关系，并形成连续而反复的过程：一是现实景象与主观感知活动；二是感知后对其表达的方式；三是表达形成了观念，产生了语汇；四是观念主导下进行有目的的景观活动[1]。

1.2　西安市园林文化价值认知

1.2.1　西安"因山而成""与山水同构"的风景园林整体性价值

西安所在的关中地区风景园林思想和营建源远流长，与中华文明的发展脉络密不可分，并影响中国风景园林和西北风景园林思想与营建体系的发展。四关之中、八水环绕、秦岭横亘的自然地理景象带来了极为强烈的东—西向通行、南—北向望山的强烈方位感，秦岭连绵不断的天际线成为人类视觉感知的空间基准与自然地理标志，关中平原独特的山水骨架形成了"因山而成"的风景营建体系、"与山川同构"的风景营建手法（图1）。

1.2.2　鲜明的历史阶段性使其成为中国园林文化的源头之一

西安是中国风景园林的发祥地之一，孕育了中国风景园林早期的审美观念及风景实践，并延续了中国风景园林的思想脉络和实践体系。西周时期营建丰镐二京、灵台、灵沼、灵囿，体现了古人对地理景象的感知。春秋战国形成了"形胜"的景观美学概念，秦代以"表南山之巅以为阙，络樊川以为池"的理念建上林苑和阿房宫，汉代营建建章宫采用"一池三山"模式，体现了秦汉时期天人合一、象天法地的造园理念，园林呈现出大气恢宏、山水相融的特征[2]。隋唐时期，皇家苑囿、帝王陵寝的营建因借自然，形成了"笼山为苑""冠山抗殿""合形辅势""因山为陵"等营建手法。

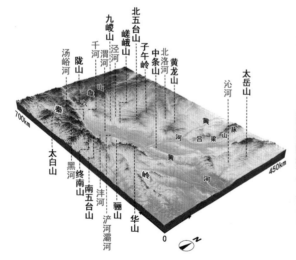

图1　关中地区因山而成的风景营建体系（图片来源：自绘）

1.2.3 丝绸之路、唐蕃古道的文化传播彰显出东方美学的世界性价值

中国西北地区位于亚欧大陆之间，是历史上文明碰撞及文化交融之地，其大山大川大漠的自然地理景象，形成了先民独特的自然景观认知和工程营建活动[3]。西安作为古代丝绸之路、唐蕃古道的起点，从自然形胜、城邑、宫苑、陵墓、寺庙到军事、交通、水利等大型工程，呈现出"因山而成"的风景营建体系、"与山川同构"的营建手法和"雄浑"的风景审美张力。这种风景营建模式和体系伴随着"周秦汉唐"的盛世文化逐渐成就辉煌，不断向西域、东亚乃至欧洲传播，彰显出鲜明的东方美学意义的世界性价值。

1.3 西安市园林文化的研究范围

陕西境内的秦岭是中国南北分界线，黄土高原自陕北向甘肃延伸，形成了陕北、关中和陕南三个独特的区域。其中，以西安为代表的关中地区的园林文化独具特色，自西周、秦汉至隋唐时期，陆续出现丰镐二京、秦咸阳、汉长安、隋大兴、唐长安等文化中心。古代西安的"首位度"极高，围绕着都城还会离散分布若干个"飞地"，虽然与西安存在一定的距离，但是在文化及文化影响上却与西安保持严正的统一。因此，本次西安市园林文化的研究范围仍是以西安为主体，同时涉及一些在历史与文化上受王权影响而形成的文化飞地。

2 西安市古代园林文化传承

西安园林文化承载了中国传统风景园林思想与营建的起源、发展和兴盛的历史过程，对西安现代风景园林建设具有重要影响。西安市对古代园林文化传承主要表现为 8 个脉络，在精神文化层面表现为：（1）"形胜"思想下的风景营建体系；（2）"一池三山"模式的公园景区建设；（3）宗教文化与园林文化；（4）诗词歌赋与园林文化。在物质文化层面表现为：（1）历史风景园林遗产保护和修复；（2）现代唐风建筑传承唐代园林文化；（3）传承植物种植文化的城市园林绿化；（4）终南山组石传承唐代写意山水的置石艺术。

2.1 精神文化层面

2.1.1 "形胜"思想下的风景营建体系

"形胜"一词出于春秋战国时代，《荀子·强国》记载，其孙卿子对秦地秦川所作评述中称为："其固塞险，形势便，山林川谷美，天材之利多，是形胜也。"《辞源》将"形胜"解释为"地势优越便利，风景优美"；《川康形胜图》总结为"形胜，典称地形优势，遂成美地"，也指山川壮丽，美好山河。"形胜"是源于地理专业的词汇，后来融入风景园林景观要素的概念[4]。山岳水景之自然

形胜，其自然地貌空间尺度宏大，主体景象具有最佳的感知和拜谒环境。西岳华山的"岳渎相望"传承西岳形胜的文化精神与风景营建，西岳庙通过古柏行连接华岭口玉泉院，与华山主峰形成了一条东北向视觉轴线，是眺望和遥祭华山的最佳处[5]（图2）；龙门"天阙"彰显黄河精神的文化信仰与"寻胜"的风景营建[6]；揽月阁、长安塔等风景建筑延续感知自然形胜，成为今天西安市的"城市观景台"。"形胜"是中国风景园林文化的基本理念，也是中国自然美学与哲学的概念，更是中国风景园林营建思想的核心要义。

2.1.2 "一池三山"模式的公园建设

"一池三山"是中国古代皇家宫苑营建的惯用形式，也是中国园林湖山营造的源头之一，代表了西安乃至关中地区悠久的园林文化。据《三秦记》载："始皇引渭水为池，东西二百里，南北二十里，筑土为蓬莱，刻石为鲸，长二百丈。"[7]秦代在池中堆筑土山的"蓬莱"意象已经形成，汉代"蓬莱"意象进一步升华，并形成了"一池三山"的营造匠意。汉建章宫太液池是迄今史书记载最为详尽、结构最为完整，池、山、树、鸟、舟、蕴等环境最为丰富的一例。《史记·孝武本纪》载："其北治大池，渐台高二十余丈，名曰太液池，中有蓬莱、方丈、瀛洲、壶梁象海中神山，龟鱼之属。"[8]"一池三山"一直延续到唐大明宫太液池、元大都的太液池以及明清北京的北海、圆明园的福海等[9]。1956年修建的兴庆宫公园以龙池为中心，在湖中鼎峙三岛传承"一池三山"的文化意象（图3）；大唐芙蓉园继承唐代"一池三山"池苑营造模式；曲江池遗址公园传承"一池三山"，复兴原、隰风景。这些城市公园的营建肯定了"一池三山"园林文化的价值，在当下的人居环境建设中实现了园林文化的创造性转化。

2.1.3 宗教文化与园林文化

西安的宗教文化对园林文化的影响深远，在当前的西安城市建设中，受西安宗教文化影响的园林绿化建设有许多。尽管在一些特定的历史时期宗教寺庙受到巨大的冲击，但是在西安的诸多名刹之中依然遗存有众多古树名木，在一定程度上保护了中国传统寺庙园林中植物文化的传承血脉，如大慈恩寺唐槐、小雁塔唐槐、古观音寺唐银杏等。此外，青龙寺遗址公园、大雁塔景区（图4）、万寿八仙宫、都城隍庙等，通过宗教文化与中国传统园林文化的结合，在地性地诠释了历史文化公园中的中国宗教文化基因和中国传统园林文化基因。

2.1.4 诗词歌赋与园林文化

唐代以后的中国传统园林逐渐呈现出写意化的风格特征，使得中国传统文学成为中国园林的内在基因。西安在历史上有悠久的文学传统，如《上林赋》《两京赋》

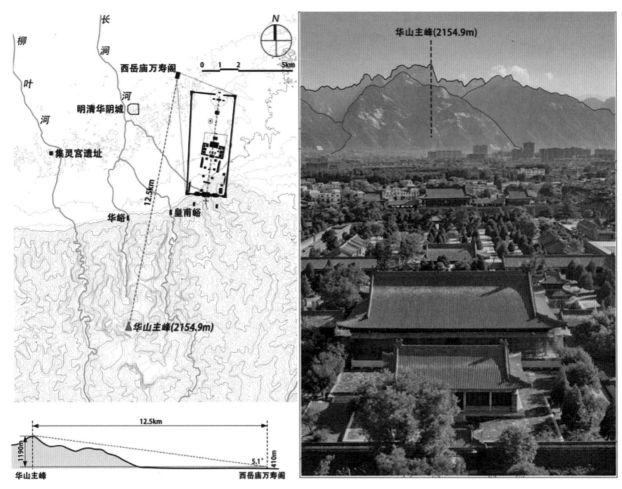

图2　自西岳庙望华山主峰视觉分析（图片来源：自绘）

图3　兴庆宫公园（图片来源：自摄）

图4　大雁塔景区（图片来源：自摄）

《大明宫赋》等展示出汉唐诗赋与汉唐园林之间的交互共融[10]。西安在近现代以来的园林建设中将具有文学意蕴的题词点景运用到景点乃至园林的命名中。如在新中国成立初期营造的兴庆公园中，"南薰阁""沉香亭""彩云间"[11]等景点即是园林与文化交融的直观显象，传承了散发着文学意蕴的优秀园林文化。西安在现代景观的营造中更加注重对中国传统园林中诗赋文化基因的传承与发扬，在大雁塔广场唐诗园林区、大唐芙蓉园诗魂及唐诗峡等处传承中国传统园林文化中优秀的唐诗文化基因。

2.2　物质性文化层面

2.2.1　历史风景园林遗产保护和修复

风景园林遗产是中国传统文化中珍贵的历史遗存，蕴藉了本土传统营造在历史发展进程中曾经存在的优秀园林文化。西安的风景园林遗产保护和修复，尊重风景园林遗产的生命性、动态性、不可复制性和整体性特征，对风景园林遗产进行活态的复兴、保护与修复。其中最具代表性的就是大明宫国家遗址公园。大明宫国家遗址公园是世界文化遗产名录中"丝绸之路：长安—天山廊道的路网"内的重要组成部分，作为唐代园林文化的珍贵历史遗存，代表了唐代皇家园林文化的优秀品格。大明宫国家遗址公园的建立有效地保护了唐代宫苑的历史遗存，发掘并推广了优秀的唐代园林文化，同时也在世界文化遗产的框架中延续了唐代园林文化的生命力。

2.2.2　现代唐风建筑传承唐代园林文化

西安唐风园林在营造理念与手法中运用传统与现代

文化元素，使得唐风园林更具特色与韵味。西安作为历史文化名城，在保护古代建筑与遗址的同时，恢复了一系列古典唐风建筑及唐风园林，创造出独特的艺术效果。如张锦秋院士在1979年设计的兴庆宫公园阿倍仲麻吕纪念碑，是对唐风建筑的首次尝试，并且注重纪念碑与周围环境的紧密融合（图5）。其后的三唐工程、乐游原青龙寺[12]、华清池御汤博物馆[13]等，都是对唐风建筑的历史回溯，其建筑与园林的格调承袭了唐代建筑与园林简约、敦朴、雄浑、壮阔的营造风格[14]。

2.2.3　传承植物种植文化的城市园林绿化

西安的植物种植文化历史悠久，早在《诗经》中已经多见对古代西安地区植物的描写，如"昔我往矣，杨柳依依"即是对西安灞河之柳的描述，人们已经开始认识并认同植物文化，如"杨""柳"作为"送别"的文化意象被表达出来。唐代都城的绿化主要采用槐树，间植榆柳，如"迢迢青槐街，相去八九坊"即是对唐代行道树的描写，如今，国槐也成为西安的市树。牡丹在唐代成为"万花之王"，长安城宫苑和寺庙中种植牡丹已十分普遍，并初步形成集中观赏的场面。《酉阳杂俎》载："穆宗皇帝殿前种千叶牡丹，花始开香气袭人。"《剧谈录》载："慈恩寺浴堂院有花两丛，每开五六百花，繁艳芬馥，绝少伦比。"新中国成立以来，兴庆宫沉香亭周围广植牡丹，彰显了牡丹在西安市园林文化中的地位（图6）。杨、柳、槐、牡丹等园林种植文化一直深刻影响着西安的城市人居环境建设。

2.2.4　终南山组石传承唐代山水写意的置石艺术

自唐代"山池院"中肯定园林置石之美以来，在具

图5　兴庆宫公园阿倍仲麻吕纪念碑（图片来源：自摄）

图6　兴庆宫公园沉香亭牡丹（图片来源：自摄）

有写意风格的唐代园林中出现了"壁山水"的园林样式。"壁山水"采用"粉墙为底，以石为绘"的塑壁之法，依理山石之法，理者相石皴纹，仿古人笔意为之。这种"塑壁"的新形式，即在墙壁上塑出云水、岩岛、树石[15]。横纹立砌是唐代的一种理石手法，通常将石头立置，用纹理表现流水，以示峭壁之山的景意。中华人民共和国成立后，佟裕哲先生从"壁山水"的文献资料中重新发现终南山置石的园林艺术，并在华清宫山水唐音、骊岫飞泉进行设计实践，山水唐音传承了"粉壁为纸，以石为绘"的园林置石艺术（图7），骊岫飞泉则传承唐代山水写意的置石艺术。终南山石置石艺术既是对"壁山水"园林文化的继承，也为唐代园林置石艺术的推广应用产生较大推动力。

图7　华清池山水唐音（图片来源：自摄）

3　西安市近现代园林文化新发展

3.1　城市规划建设与园林文化

西安近现代的城市规划建设与园林文化紧密地交织在一起，西安城市绿地系统规划作为西安城市总体规划的专项部分，中华人民共和国成立以来，共完成了4次规划编制工作，历次绿地系统规划中，在完善城市功能和社会主义经济发展的基础上，利用绿地空间布局保护了西安历史遗迹（图8）。目前，西安城市绿地系统规划在建设秦岭国家生态区的基础上，强化秦岭北麓台塬、河湖水系绿化建设，突出"八水绕长安"绿色廊道历史格局重现[16]。市区公园绿地建设结合文物古迹和历史街区保护，通过自然空间和历史遗址空间两个体系彰显古城绿地系统特色。其中环城公园充分保护利用了西安的明城墙，在环绕明城墙营造公园的同时，形成了与城墙相得益彰的景观效果。西安大遗址绿地包括周丰镐遗址绿地、秦阿房宫遗址绿地、汉长安城遗址绿地、唐大明宫遗址绿地。西安城市绿地系统规划从保护为主、适当开发的角度出发，结合旅游向游客展示历史信息和文化内涵。

3.2　风景园林中的红色文化价值

西安是红色革命的重要发生地，在抗日战争初期，"西安事变"成为呼吁"反内战""逼蒋抗日"的前沿之地。为了纪念与传承红色文化基因，西安市建设了众多爱国主义教育示范基地、国防教育基地、红领巾实践教育基地和红色旅游经典景区，将园林文化与红色革命文化紧密地结合在一起。西安事变纪念馆（止园）是杨虎城将军故居，也是见证了西安事变的重要历史园林，同时也反映出特定

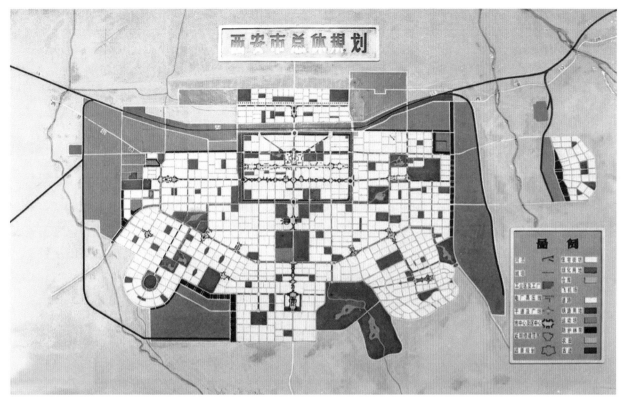

图8　1953—1972年西安市总体规划（图片来源：西安市自然资源和规划局）

历史时期的建筑与园林营造特点（图9）。西安烈士陵园为红色旅游经典景区，集"陵园、公园、园林"三位于一体，缅怀先烈传承革命精神，园内苍松翠柏，四季常青。壶口瀑布孕育了《黄河大合唱》的革命精神，《黄河大合唱》的诞生也升华了壶口瀑布自然形胜的地位，使得壶口瀑布成为传承中华民族红色革命精神的历史见证地。

图9　止园（图片来源：自摄）

4　西安市园林文化发展的问题与策略

4.1　存在的问题

在现代城市建设中，西安的园林绿化建设对园林文化的推广应用产生了一定的积极影响，但中国优秀的传统园林文化仍属于从属地位。西安市现代风景园林设计继承了一部分优秀的传统园林文化，体现了设计者对本土设计方法的探索。但是面对丰厚的园林文化，我们发现仍有许多珍贵、优秀的园林文化尚未在业界引起足够的重视。此外，政府和公众对风景园林文化的理解与风景园林的认识也比较模糊、笼统，认识层面的不足造成了公众容易将对风景园林文化的理解与传统建筑、城市规划产生混淆，并进一步造成园林文化在当前社会与城市发展中推广艰难与长期失语。

4.2　发展策略

在现代的风景园林设计中，注重文脉的在地性传承，努力发掘优秀的传统园林文化，将西安优秀的园林文化基因深深地植入现代的风景园林设计中是园林文化发展、推广的必经之路，为西安营造出既富有历史与古典韵味，同时又满足当前人居需求与审美需求的风景园林作品。

园林文化推广应成立园林文化推广应用的相关机构，运用法规、制度延续优秀的园林文化基因。各相关单位定期开展宣传优秀园林文化的讲座、论坛等文化交流。同时，研发以优秀园林文化为主题的文创产品，在社会层面积极推行优秀园林文化。

5　结语

在西安市园林文化推广应用研究中，我们感叹西安悠久的历史和丰厚的园林文化资源，本研究梳理了以西安为代表的关中地区优秀园林文化的发展脉络，明确了西安市园林文化的价值内涵，以及如何在学术的脉络中深刻阐发园林文化对西部社会及学术的内涵。

西安的园林文化依托山水形胜、皇家宫苑、寺庙园林、风景名胜的营建，经过持续的赋文、审美等认知，逐渐演变为雄浑、深厚、纯粹、质朴的文化符号，孕育了繁荣优秀的园林文化，沉淀出历久弥新的社会价值。在信息飞速发展的今天，园林文化的推广不仅要靠宣教与展示系统，更需要空间载体与具有感官体验的知觉方式。我们是否还能感受到古人的情感与心境并产生共鸣？我们应该保持什么样的态度来重新体验、审视优秀的园林文化？优秀的园林文化是否可以继续发挥社会性价值？西安园林文化内涵与价值的深入探讨，将西安优秀的园林文化基因深深地植入到现代的风景园林设计中，传承与创新的对立统一可以成为解决上述问题的关键。

参考文献

[1] 刘晖，杨建辉，岳邦瑞，等 . 景观设计 [M] .2 版 . 北京：中国建筑工业出版社，2022.

[2] 佟裕哲，刘晖 . 中国地景文化史纲图说 [M] . 北京：中国建筑工业出版社，2013.

[3] 刘晖，赵泽龙，张琬雪 . 西北地景文化空间圈层（一）："因山而成"的风景营建体系 [J] . 中国园林，2022，38（01）：20-25.

[4] 张颖，刘晖 . 风景园林的形胜释义与辨析 [J] . 中国园林，2018，34（S1）：85-87.

[5] 刘晖，赵宇翔，格日勒 . 西北地景文化空间圈层（二）："与山川同构"的风景营建手法 [J] . 中国园林，2023，39（08）：22-28.

[6] 张涛，史哲伟，柳云雁 . "龙门"地景及其人居环境模式研究 [J] . 中国园林，2022，38（03）：134-138.

[7] （中古）辛氏，（清）张澍 . 三秦记 三辅旧事 三秦记 三辅故事 [M] . 二酉堂，1821.

[8] （西汉）司马迁撰 . 百衲本二十四史史记 2 本纪 [M] . 北京：商务印书馆，1936.

[9] 周维权 . 中国古典园林史 [M] . 北京：清华大学出版社，1990.

[10] 霍旭东 . 历代辞赋鉴赏辞典 [M] . 北京：商务印书馆国际有限公司，2011.

[11] 李百进 . "彩云间"景区规划与建筑设计 [J] . 古建园林技术，1991（03）：16-18.

[12] 张锦秋 . 江山胜迹在，溯源意自长：青龙寺仿唐建筑设计札记 [J] . 建筑学报，1983（05）：61-66，84.

[13] 张锦秋 . 建构于城宫之间：临潼大唐华清城的规划与设计 [J] . 建筑学报，2013（10）：1-6.

[14] 张锦秋 . 传统建筑的空间艺术：传统空间意识与空间美 [J] . 中国园林，2018，34（01）：13-19.

[15] 佟裕哲 . 陕西古代景园建筑 [M] . 西安：陕西科学技术出版社，1998.

[16] 惠禹森 . 西安近现代山水型公园演变及设计模式类型化研究 [D] . 西安：西安建筑科技大学，2019.

作者简介

曹子旭 /1995 年生 / 男 / 山东济南人 / 博士研究生 / 研究方向为风景园林历史理论 / 西安建筑科技大学

赵宇翔 /1990 年生 / 男 / 河南永城人 / 博士研究生 / 研究方向为风景园林历史理论 / 西安建筑科技大学

香山公园亭建筑营建研究

Construction of Pavilion Architecture in Fragrant Hill

刘　宁

Liu Ning

摘　要： 亭建筑作为园林营建中最具特色的景观要素之一，在提供赏景场所的同时，本身也作为景观存在，尤其在山地园林中亭子更是因借地势营建出富有变化的景观。香山作为三山五园中山地园林静宜园的所在地，其中的亭建筑数量众多、样式丰富，均匀分布在园中多处景点。文章通过相关文献与图画研究并结合实地调查，对香山公园中亭建筑的营建情况进行梳理，进一步对亭子的位置经营、空间功能、匾额题名以及意境营造进行讨论与分析，从而揭示了亭建筑蕴含的丰富文化内涵以及在香山中的重要作用与价值。

关键词： 香山；亭；山地园林；园林文化

Abstract: As one of the most characteristic landscape elements in garden construction, pavilion architecture provides a place to enjoy the scenery while also existing as a landscape, especially in mountain gardens, pavilions are built with rich changes due to the terrain. As the location of the Jingyi Garden, a mountain garden in the Three Mountains and Five Gardens, the Fragrant Hill has a large number of pavilion buildings and rich styles, evenly distributed throughout the park. Through the study of relevant literature and drawings and combined with field investigation, this paper sorts out the construction of pavilion buildings in the Fragrant Hill park, and further discussion and analysis of the location management, space function, plaque nomination and mood creation of pavilions, thereby revealing the rich cultural connotation of pavilion architecture and important role and value in the Fragrant Hill.

Key words: Fragrant Hill; pavilion; mountain gardens; landscape culture

1　前言

亭建筑的营建有着悠久的建造历史，是园林中重要的观景点景建筑。关于"亭"的释义，在汉代许慎《说文》中讲："亭，亭也，人所停集也。凡骚亭、邮亭、园亭，并取此义为名。"由此可知，停留是早期亭子营造的主要意图之一，但随着中国古典园林的成熟与发展，亭子已经成为用途广泛且实用性较强的建筑物，成为园林营建中不可或缺的景观要素之一。山地园林中的亭子因海拔较高、路程较远，其停留休憩功能更加凸显；并且由于地形的优势，人在亭中极目远眺，可观赏更丰富的景色，因此观景功能也更为突出；亭作为体验意境的物质载体，合适的选址也可更好地为意境营造服务。香山是北京城西北郊的一座山地园林，是清代静宜园的所在地，具有很高的文化价值与遗产价值[1]，其中香山的亭建筑形态灵动活泼、选址因地制宜随势而建，均匀分布在园中串联起各个景点，在提供场地停留休憩的同时也作为景观点缀在全园各处。

基金项目：北京建筑大学博士研究生科研能力提升项目（DG2024003）。

亭作为重要的园林建筑要素，在有关造园的系统论著中多有所涉及，或将亭作为论著的某一章节展开叙述，介绍其种类形制[2]、工程做法[3] 等，其中《园冶》"宜亭斯亭""安亭有式，基立无凭"等观点，为之后亭子的设计与营建提供了重要的指导与理论依据[4]。在以亭建筑为专题的专门研究中，包含了从亭的起源[5]、发展历史[6]、形式造型[7] 与功能类型[8]、结构构造[9] 等角度进行全面系统的论述，也有对沧浪亭[10]、拙政园[11] 等单独园林的亭建筑设计意匠研究，在营建理法方面也有对"亭踞山巅"这一手法类型的专门性研究[12][13]。然而，虽然对亭建筑这一整体已有不少研究成果，但对单独园林中亭建筑的营建理法研究多集中于著名的私家园林中，然而南方由于气候温度的不同使得亭建筑的造型样式等均有所差异，对皇家园林中的亭建筑进行单独的研究少之又少，目前仅有颐和园亭建筑要素的解析[14]、避暑山庄芳渚临流亭[15] 的景观研究，针对香山公园及静宜园亭建筑的专门性研究还处于空白，值得对其展开系统研究。本文依据香山静宜园样式雷图档、清代静宜园园林画作、香山公园测绘图以及结合现场调研，完成对香山中亭建筑的梳理，整理相关文献与御制诗等相关诗文，进一步分析其位置分布、空间功能，以及根据题名匾额等对亭建筑的文化内涵与意境进行解析。

2　香山亭建筑的历史营建

亭建筑营建初始——对于香山亭建筑的营建，早在金代便有相关记载。金代金章宗时期著名文学家赵秉文有两首描述香山秀美景色的诗，其一《香山飞泉亭》："霜风吹林林叶乾，泉声落日毛骨寒。道人清晓倚阑干，自汲清泉扫红叶，一庵冬住白云端。"描述了在亭中观景听泉的场景，但如今已无考[16]。明代时由于香山寺庙的大力兴建，寺庙旁也随之修建了几座亭建筑，如位于香山寺后的望都亭①、留憩亭②（明代时曰"流憩"）、寒泉亭③ 以及洪光寺内的千佛亭[16] 等，如今都已湮灭。

亭建筑营建的鼎盛与衰落——清代初期，康熙皇帝在香山营建香山行宫，在行宫驻跸时留下"香山寺""洪光寺""光明三昧""来青轩"等御题题额[17]，亭建筑中的"绿筠深处""光明三昧"两处匾额为康熙皇帝亲题，后均毁于战乱。乾隆十年，乾隆皇帝对香山行宫旧址进行修葺扩建，并于乾隆十二年正式赐名香山"静宜园"。香山因静宜园的大力修建而达到鼎盛，亭建筑的营建也随之达到高潮，在几座重要的建筑组群营建中均包含了亭建筑，如中宫处的露香亭、采香亭，松坞云庄处的青

霞堆以及见心斋的知鱼亭等。清末时期，绝大部分的亭建筑都随着静宜园遭到毁灭，直到民国时期才得以重新利用，部分亭建筑在原景点的遗址处进行修建，如在唳霜皋遗址处修建的白松亭、观音阁遗址处的半山亭、重翠庵遗址的重翠亭等；也有在院落内择新址修建的亭建筑，如双清别墅的双清红亭、栖月山庄的栖云亭。

亭建筑重现往日盛貌——中华人民共和国成立后，香山静宜园二十八景复原工作逐步启动，香山公园对被毁的建筑园林进行大力的修缮与建设，清代皇家园林的历史建筑与景观重现，绝大部分的亭建筑也得以复建，除此之外还在重点遗迹处新建了几座亭建筑，如在晞阳阿遗址上建朝阳洞亭、峭崖上的森玉笏亭等。

根据清代静宜园样式雷图档、香山公园测绘图纸、相关文献等不完全统计，曾经营建现已不存的亭建筑超过15座。如今香山园内共有亭建筑39座（图1），其中于清代营建后经过复建的有23座，在乾隆皇帝御笔亲题的"静宜园二十八景"中有八景都由亭建筑构成（隔云钟、青未了、璎珞岩、翠微亭、霞标磴、唳霜皋、玉乳泉、绚秋林）并以景题名；建于中华民国时期的有7座，包括伴随民国时期私人别墅的兴起进行修建的双清红亭与梅兰芳别墅附近的白松亭，以及静宜园遗址上修建亭建筑以纪念与观景；中华人民共和国成立后新建的亭建筑有9座，包括开通与最高处香炉峰的索道而新建的两座亭子，以及对园内的亭建筑进行补充。香山的亭建筑经过逐年营建到如今以灵动活泼的姿态置于全园，与山地景观彼此依托，巧妙融为一体，共同构成具有山林野趣的山地园林。

3　香山亭建筑的营建手法

3.1　位置经营

计成在《园冶》中写道："花间隐榭，水际安亭，斯园林而得致者。惟榭只隐花间，亭胡据水际，通泉竹里，按景山巅。"[4] 其中的"水际""竹里""山巅"等均是在有景可观处建亭，做到因景成亭、安亭得景。香山中的亭建筑营建位置各异，或坐于路旁，或隐于山林，或临于湖滨，或高居山巅（表1），但都与周围山水自然巧妙融合，做到合宜而立。

（1）坐于路旁

山地园林中道路分布广泛，且受登山的海拔高度影响，行人对停留休憩的需求更甚，因此这类亭子数目众多，香山有近1/3的亭子置于主要道路的一侧、交叉口处或横跨道路而建，通过四周开敞的空间为行人在观景的同时

---

① 《宛署杂记》："亭在香山寺后，俯视来青轩，初名望京。万历十四年，驾幸，改今名。大书'望都亭'三字，赐之。"
② 《帝京景物略》："神宗题轩曰来青。来青轩而上，转而北者，无量殿，其石径廉以阂，其木松。转而右西者，流憩亭，其石径渐渐，其木也，不可名种。"
③ 《日下旧闻考》："至寒泉亭，斯可有无矣。"

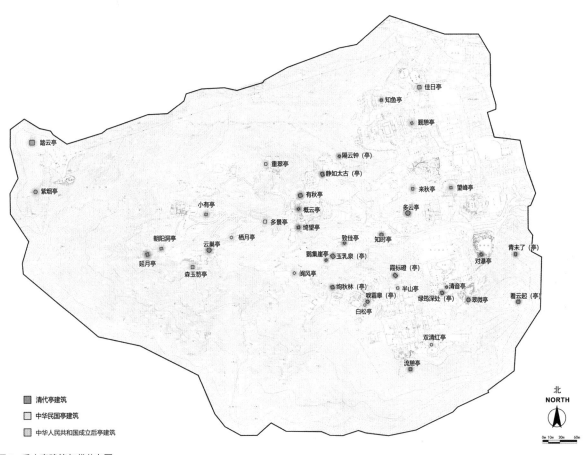

图1 香山亭建筑年代分布图

北
NORTH

清代亭建筑
中华民国亭建筑
中华人民共和国成立后亭建筑

表1 香山亭建筑位置分类

位置	亭名
坐于路旁	隔云钟、多云亭、致佳亭、翠微亭、唳霜皋亭、鹦集崖亭、绚秋林、云巢亭、阆风亭、多景亭、朝阳洞亭、觀憩亭
隐于山林	看云起、绿筠深处、霞标磴亭、静茹太古、有秋亭、知时亭、延月亭、白松亭
临于湖滨	对瀑亭、清音亭、玉乳泉、致佳亭、来秋亭、佳日亭、知鱼亭
高居山巅	青未了、流憩亭、森玉笏亭、踏云亭、紫烟亭
院落内	知鱼亭（见心斋）、概云亭（烟霏蔚秀）、绮望亭（玉华寺）、半山亭（香山寺）、栖月亭（栖月山庄）、双清红亭（双清别墅）、重翠亭（重翠庵）、望峰亭（致远斋）、小有亭（香雾窟）

* 括号内为亭建筑所处建筑院落。

提供休息场所。如多云亭即建在丽瞩楼向北的道路中间，乾隆时是一座二层的八角亭建筑，可远眺昆明湖与玉泉山之景，后经过改建成单层围合亭子供人停留（图2）。

（2）隐于山林

香山作为山地园林，地形起伏变化大，树木繁多，经常于山林中建亭形成私密的闭合空间，营造出静谧清净的氛围。此类亭子如绿筠深处、有秋亭（图3）、知时亭（也称钟亭）等均处于林荫清幽处，周围树木茂盛，清爽宜人，亭子在山林中半藏半露，若隐若现，引导行

人前去探寻并在此稍加休憩。

（3）临于泉湖

香山泉水众多，最早于金代便开始对泉水进行开发与利用[①]，依靠丰沛的林泉形成了溪流、湖池、涌泉、瀑布等多种形态的水景，亭子建于水边可观景听音，同时形成巧妙的意境。如建于璎珞岩的清音亭引泉水成景、建于静翠湖的对瀑亭背靠山石前观湖景（图4）、建于泉上的玉乳泉亭可烹茶品泉，通过亭子与水的巧妙结合不仅点染湖滨，形成独具特色的水景观，也充分利用水的

① 《帝京景物略》中记载："金章宗之台、之松、之泉也，日祭星台，日护驾松，日梦感泉。"

特性使得景色更有韵味与意境。

（4）高居山巅

置于山巅的亭建筑视野极为开阔，可将园外之景收纳其中，同时上扬的檐角又可形成优美的天际线，与山林背景相得益彰。位于山顶的踏云亭是香山视线制高点，

亭子四周通透，向南可览西山美景，向东远及玉泉山、昆明湖秀色。这类亭子通过借景极大地丰富了香山的园林景观，并且与山下的景点互相呼应形成对景。青未了亭（图5）、森玉笏亭、紫烟亭等也属于居高处通过眺望而观景。

图2　多云亭

图3　有秋亭

图4　对瀑亭

图5　青未了亭

3.2　空间功能

香山的亭建筑形式多样并具有多种复合功能[14]，除了最为显著的观景作用外，本身也作为景观构筑物点缀山林起到点景作用，以及利用地形的起伏与自然山林等要素互为对景，此外还经常与廊等建筑搭配组合在院落中形成层次丰富的建筑群落，以灵活精致的姿态遍布全园，具有不可替代的功能作用与艺术价值。

（1）观景

亭子营建中最重要的功能便是观景，若"加之以亭，

及登一无可望，置之何益"[4]，因此建亭必须将观景作为主要功能再进行选址建造。香山中的亭建筑不管置于何处均做到了有景可观，或置于山顶远眺群山（图5），或置于水边框景入画（图4），或置于林深处观叶赏花，或置于院中欣赏建筑之美。亭子作为观景的载体，将周边环境收纳其中，可谓"江山无限景，都聚一亭中"①。

（2）点景

亭建筑因其灵巧活泼的形态本身作为一种独特的建筑景观分布在园中，丰富景观层次。位于高处的亭因上

---

① 张宣题倪画诗云："石滑岩前雨，泉香树杪风。江山无限景，都聚一亭中。"

扬的檐角和优美的屋顶与山林树木共同构成优美的天际线（踏云亭等）；在院落中亭与廊经常组合使用，打破连廊立面的单一构图（松坞云庄内的青霞堆，现已不存），丰富院落建筑组群；以及在景物相对单调的地方建亭增加景致与层次（知时亭等）。

（3）对景

香山中还存在两座亭子互为对景、交相辉映的景观。鹦集崖亭在香山的亭中独具特色，它保留了亭中的假山叠石并蔓延至亭外，形成了假山与亭子相互依存的形制，并与东侧山石下的玉乳泉亭互为对景（图6、图7）。璎珞岩的绿筠深处（亭）与清音亭也属此类。

（4）中轴强调

香山中的观憩亭为一座四角攒尖顶建筑，位于宗镜大昭之庙的中轴线上（图8）。昭庙建筑体量宏大、庄严端正，而观憩亭体量小巧精致，与昭庙形成鲜明对比，亭建筑在这里起到了中轴强调、对比衬托的作用。

3.3　匾额题名与意境营造

匾额楹联是园林意境营造的重要手法，反映了造园历史的文学渊源与情境[18]。香山亭建筑的匾额题名内容纷呈，涉及四时季节、气象变化、园林植物、林泉理水、声景等各个方面，通过匾额寓情于景，进一步凸显景点的意境韵味，以及充分显示了乾隆造园的艺术想象。下面选取静宜园二十八景中以亭为主要建筑的五景：隔云钟、青未了、璎珞岩、霞标蹬、玉乳泉，结合乾隆御制诗的相关描述，对这五景的匾额题名与意境营造进行解析。

"不问高低寺，钟声处处同"——隔云钟亭是一座四角攒尖方亭，所处地势较高，位于亭中可听到卧佛寺、法海寺、弘教寺、慈恩寺、大觉寺等古刹钟声而得名，御制诗《隔云钟》"园内外幢刹交望，铃铎梵呗之声相闻"[19]，解释了得名的由来。每当"静夜未阑，晓星欲上"时，听到钟声"忽断忽续，如应如和，置足警听"，颇有清幽肃穆的情境。

"岱宗夫如何，齐鲁青未了"——青未了亭因所处地势十分开阔，建筑尺度也随之较大，为一座五间四面环廊歇山顶建筑（图9）。关于青未了亭的得名，在御制诗《青未了》诗序中"政不必登泰岱，俯青齐，方得杜陵诗意"[19]，可见取自杜甫的诗意，登上此亭可见"群峰苍翠满目，阡陌村墟，极望无际"，纵目远眺还可望到"玉泉一山，蔚若点黛"。

"非必听丝竹，山水有清音"——清音亭位于静宜园二十八景之一的璎珞岩处，其名出自魏晋左思的《招隐二首》，以及御制诗《璎珞岩》诗序中"颜其亭曰清音，岩曰璎珞。亭之胜以耳受，岩之胜与目谋"[19]也进一步解释了清音亭名。清音亭背靠岩石，泉水顺流而下

图6　玉乳泉亭看鹦集崖亭

图7　鹦集崖亭看玉乳泉亭

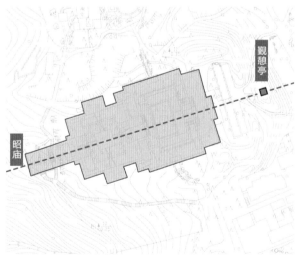

图8　位于昭庙中轴线的观憩亭

拍打岩石发生声响，在此休养停留可听到"滴滴更潺潺，琴音大地间"，入耳成乐、观景听音，并且达到"忘耳听云梵"的境界（图10）。

"踏蹬看霞起，披林纳月行"——霞标蹬亭位于香岩室前，是"九曲十八盘"尽头的一座五间四面环廊的歇山式建筑。由盘旋山路登石而至可观云霞而得名。当日出日落时便可欣赏霞光万丈的壮观景象，与对面山坡的青未了亭形制相似，遥遥相望互相呼应。

"潋滟淙云窦，泔淡浮玉乳"——玉乳泉是香山最重要的泉水之一，乾隆为此作玉乳泉二十五题七十首御制诗，可见其对玉乳泉的重视程度。玉乳泉亭"构亭泉之上，凭窗泉在底"，阶下由人工开凿出三汪清潭，御制诗《玉乳泉》中"西湖不千里，当境即三潭"[19]描写此景仿西湖三潭印月之景（图11）。

4　总结

香山作为一座具有浓郁山林特色的山地园林，其中的亭建筑数量众多且样式丰富，包括正方形、六边形、八边形等不同的平面形式以及攒尖顶、歇山顶、硬山顶等多种屋顶形式。香山亭建筑的历史营建历经金明的营建初始、清代的鼎盛与衰落、中华人民共和国成立后的重现盛貌几个阶段，与山林泉水植物建筑互相渗透融合，最终形成层次丰富、变化多姿的园林景观，并具有点景、观景、互为对景、中轴强调等各种空间功能，在园林的营建与景观构成中扮演着至关重要的角色。香山亭建筑的营建不仅体现在建筑形式与空间的美，还体现在其中蕴含的意境美，通过亭子的匾额题名引人发思，营造出优美深刻的园林意境。

图9　青未了亭

图10　清音亭

图11　玉乳泉亭

参考文献

[1] 傅凡. 香山静宜园文化价值评价 [J]. 中国园林，2017，33（10）：119-123.

[2] 冯钟平. 中国园林建筑 [M]. 北京：清华大学出版社，2000.

[3] （宋）李诫. 营造法式 [M]. 北京：中国书店，2006.

[4] （明）计成. 园冶注释 [M]. 陈植，注释. 北京：中国建筑工业出版社，1988.

[5] 郭明友. 中国古"亭"建筑考源与述流 [J]. 沈阳建筑大学学报（社会科学版），2012，14（04）：358-362.

[6] 赵纪军，朱钧珍. 亭引 [M]. 北京：清华大学出版社，2019.

[7] 高鉁明，覃力共. 中国古亭 [M]. 北京：中国建筑工业出版社，1994.

[8] 刘少宗. 说亭：历史·艺术·兴造 [M]. 天津：天津大学出版社，2000.

[9] 卢仁. 园林析亭 [M]. 北京：中国林业出版社，2004.

[10] 马松麟. 虚实相生，有无相成 [D]. 杭州：浙江大学，2012.

[11] 康红涛. 胜境作亭　诗情画意：拙政园三亭造境研究 [J]. 西安建筑科技大学学报（社会科学版），2022，41（03）：39-45.

[12] 赵纪军. 中国古代亭记中"亭踞山巅"的风景体验 [J]. 中国园林，2017，33（09）：10-16.

[13] 顾凯. 中国传统园林中"亭踞山巅"的再认识：作用、文化与观念变迁 [J]. 中国园林，2016，32（07）：78-83.

[14] 张龙，吴琛，王北亭. 析颐和园的景观构成要素：亭 [J]. 扬州大学学报（自然科学版），2006（02）：57-60.

[15] 聂瑞代，陈继富. 避暑山庄芳渚临流亭的景观作用及结构分析 [J]. 中国园林，1989（01）：31-32，35.

[16] 香山公园管理处. 香山公园志 [M]. 北京：中国林业出版社，2001.

[17] 刘宁. 香山静宜园松坞云庄复原研究 [D]. 北京：北京建筑大学，2023.

[18] 李衍德，胡玲凤. 苏州古典园林匾额楹联的艺术 [J]. 中国园林，1994（04）：13-15.

[19] 香山公园管理处. 清·乾隆皇帝咏香山静宜园御制诗 [M]. 北京：中国工人出版社，2008.

作者简介

刘宁 /1999 年 / 女 / 河北张家口人 / 北京建筑大学建筑与城市规划学院在读博士研究生 / 北京建筑大学风景园林生态与工程技术实验室成员 / 教育部古建筑安全与节能国际合作联合实验室成员 / 研究方向为风景园林历史与理论

圆明园古香斋与清帝园居读书生活

The GuXiang study room and the reading life of the Qing emperor in Yuanming Yuan

李营营

Li Yingying

摘 要： 清帝喜欢读书，他们不仅在紫禁城建有多处书房，在颇具山水之韵的离宫御苑也尤为乐意建造书房、书屋景观，仅圆明园内各类书房就达40余处。圆明园古香斋位于长春仙馆，乾隆帝作为皇子时曾被赐居于此而度过了一段珍贵难忘的青春时光。本文借重御制诗、样式雷图等文献资料，结合诗文论析与史料考证，重点对圆明园古香斋的地理位置、历史功能以及清帝园居活动展开相关研究，以期达到对长春仙馆等圆明园景观文化内涵的深层次探讨。

关键词： 圆明园；古香斋；清帝；园居；读书

Abstract: The emperors of the Qing dynasty like reading, not only did they build many study rooms in the Forbidden City, but they were also more than happy to build study rooms in the picturesque imperial court.There are more than 40 study rooms in the Yuanming Yuan.The Guxiang study room in Yuanming Yuan is located in the Changchun Xianguan, where Emperor Qianlong spent a precious and unforgettable period of his youth.With the help of documents such as imperial poems, Style Yangshilei, combined with poetry and textual research,this paper focuses on the geographical location, historical function of the Guxiang study room in Yuanming Yuan and the activities of the Imperial Garden of the Qing dynasty，hope to achieve the Changchun Xianguan and other Yuanming Yuan landscapes cultural connotation of deep-seated discussion.

Key words: Yuanming Yuan; Guxiang study room; the emperors of the Qing dynasty; garden living;reading

1 山水自然之境——我国古代书房得以诞生的温床

书房，又叫书斋，是士人知识分子在庭院、园林等藏书、读书的房舍，其内往往陈设有笔墨用具、文房清供、琴棋书画等，是士人知识分子修德养志、畅怀交游的精神空间[1]。先秦时期，我国书房与私塾融于一体，《礼记·学记》记载，"家有塾，党有庠，术有序，国有学"[2]，此时，书房是与庠、序、学等公立性质的学校相对应的文化空间。汉代，书房在山间石窟、山水园林中开始出现，比如扬雄在嘉定府后溪延祥观修建读书洞，司马相如在保宁府梓潼县西南长卿山上建立读书窟。宋人高承在《事

本文为2023年海淀区圆明园管理处内部课题"圆明之德——圆明园艺术文化内涵论析"阶段性成果。

物纪原》中溯源"斋"的起源时指出，具有文人气息的书房始于东晋，"汉宣帝斋居决事，此'斋'名之起也。晋大和中，陈郡殷府君引水入城穿池，殷仲堪于此池北立小舍读书，百姓呼为'读书斋'，则斋之始疑自此"[3]，太守引水建造池塘，并在池塘北面营建屋舍用以读书，这成为我国较早的文人书房。

唐代，书房建造开始融入自然山水，如白居易的庐山草堂"环池多山竹野卉""夹涧有古松老杉"，刘禹锡的"陋室"则"苔痕上阶绿，草色入帘青"，一派自然风味。这种传统一直延续下来并极大地影响了明清时期的皇家书房及帝王园居方式，在以圆明园为首的三山五园地区，清帝建有众多的书房、书屋等读书类景观，比如，康熙帝在畅春园建立佩文斋和渊鉴斋，并令臣工以佩文斋、渊鉴斋为名，编纂、刊刻诗选、画谱和图书，辑为《佩文斋书画谱》《佩文斋咏物诗选》《佩文斋广群芳谱》以及《渊鉴斋御纂朱子全书》《古文渊鉴》等。在圆明园内，清五代帝王营建书房、书屋、书室等读书类场所达 40 余处，我们可以将其归纳为两类：一类是典型的书院园林，它们独立成景，景观内部从园林空间、建筑布局到室内陈设等，都围绕园居读书这一核心功能来设计与布置，如碧桐书院、汇芳书院；另一类是存在于景观内部的某一处书房、书屋、书室、书轩等阅读空间，它们往往呈点状分布而散见于园内各处，具体如下：书屋 24 处，包括四宜书屋（与上文四宜书屋不同，它位于绮春园，今 101 中学校园内）、九州清晏的长春书屋与涵德书屋、镂月开云的养素书屋、坦坦荡荡的履道书屋、藻园的贮清书屋与夕佳书屋、濂溪乐处的涵虚书屋、荷香书屋与味真书屋、多稼如云的颐和书屋、映水兰香的静香书屋、北远山村的湛虚书屋、平湖秋月的知芳书屋、接秀山房的怡然书屋、别有洞天的写琴书屋、思永斋的盎春书屋、旧园的韵泉书屋、狮子林的探真书屋、玉玲珑馆的茂悦书屋、映清斋的陶嘉书屋、如园的葇芳书屋、鉴园的桐荫书屋、敷春堂的鉴德书屋；有书堂 5 处，它们是长春仙馆的含碧堂、武陵春色的品诗堂、长春园的泽兰堂、濂溪乐处的知过堂、澡身浴德的深柳读书堂；有书轩 2 处，它们是：茹古涵今的韶景轩、武陵春色的绮春轩；有书室 5 处，它们是九州清晏的乐安和、长春仙馆的随安室、汇芳书院的问津石室、四宜书屋（安澜园）的挹香室和含经堂的味腴书室。有些虽然没有题名书屋、书室，但也是清帝的静心读书之所，比如乾隆帝设于长春仙馆的古香斋，嘉庆帝则经常于九州清晏的清晖阁静坐读书。这些书屋、书房、书室集中分布在圆明园、长春园两座园子，极少数分布于绮春园中，其中，尤以乾隆帝在园内所设书房、书室居多。

总之，将书房融入山水自然或修于园林之中，符合我国士人知识分子对自我精神价值的自觉追求，山、水、花、木等自然元素成为主体体认天地之大德和观照自我内心世界的重要参照，迎合了其基于主体人格修为与价值建构的精神需求，也催生了书房及书院式园林的诞生。

2　圆明园古香斋——清帝园居读书的重要场所

古香斋，位于圆明园长春仙馆，同名书房位于紫禁城重华宫，自雍正五年起弘历曾被赐居重华宫，遂将东厢房名为古香斋，即位后，为表不忘皇考圣恩，御园书房多用"古香"之名。

乾隆六年，乾隆帝首次题写圆明园古香斋，作《古香斋题壁》，诗中详细描述了圆明园古香斋清幽爽致的环境，"书屋诚清绝，翛然水石边。时来听泉响，独坐爱岩悬。日永人偏静，斋深爽更延。忘言翻旧卷，仿佛话当年。"[4] 94

关于古香斋的位置，据成书于乾隆五十二年（1787年）的钦定《日下旧闻考》记载，"长春仙馆之西为含碧堂五楹，堂后为林虚桂静，左为古香斋，其东楹有阁为抑斋"。[5] 道、咸时期长春仙馆样式雷平面图所显示的景观位置，与《日下旧闻考》所载基本一致，但没有明确标示古香斋的具体方位，在道咸时期的匾额名录中，也未见古香斋一景，但是，从乾隆六年至乾隆五十七年的五十余年中，乾隆帝反复题咏，描述赐居古香斋的读书生活，居太上皇期间，嘉庆帝被赐居长春仙馆三年，曾先后题咏古香斋达 14 次之多，表达仰怀圣恩的感激之情、回忆自己的园居读书生活，这就证明古香斋至少一直存在到嘉庆朝初期，道咸时期或被易额，不过早期长春仙馆的各种图样中也未曾见到"古香斋"字样，导致一直以来学界对于古香斋的位置始终存疑（图 1）。有论

图 1　古香斋大致位置（图为长春仙馆）

者考证[6]，古香斋位于长春仙馆西侧的中间院落的前殿(即图 2 中标注位置的西侧殿宇)。通过查阅样式雷图档及综合多方史料，笔者认为，古香斋当为墨池云以南、砖门前之五间门殿，作为随安室、墨池云等后进院落的出口，其前有穿堂而后临近砖门。其中，最西侧房屋名敬顺居，最东侧房屋悬匾额"得意"，中间一间为步入室外的穿堂，穿堂的装修，顶子用花竹席，屏门六扇，均下花上粉。

由咸丰五年长春仙馆尺寸样图档(图 3)可知，敬顺居西侧与含碧堂相通，其内部由相连的两小间构成，其中，西一间南侧靠墙设有花梨木多宝阁，西一间西北角设有玉琴室，敬顺居东一间东墙和北墙均设有楠木板墙，由此可以推测，应当为书架，在嘉庆帝御制诗中曾这样形容古香斋面积，"书室十笏地，古香旧匾名"，十笏，指古代朝见时大臣手中所执竹板，后人以笏量宅基，十笏一般指方丈之室，以此形容小面积的建筑物。在长春仙馆尺寸样图的右下角，样式房明确标明：敬顺居西一

间面宽七尺九寸，东一间面宽一丈一尺，进深一丈二尺，柱高八尺五寸，后明台六尺，由此可知，敬顺居东一间面积大小与嘉庆帝诗文所述基本吻合，由此我们推测，古香斋可能位于敬顺居的东一间内，因为东西两间彼此相通，置身其中，便既可读书，又能弹琴和鉴赏古玩。

长春仙馆，旧称"莲花馆"，自雍正七年起，弘历被赐居于此，所以乾隆帝亲切地称呼此地为"曩岁读书堂"(图 4)。对于乾隆帝而言，这里是他园居生活时间较长的地方，也是于他而言较有温情之地，乾隆十三年(1748 年)起，乾隆帝所钟爱的孝贤皇后宴息于此，后来，这里又成为皇太后临幸御园节庆的驻憩处所，在这里她感受到了人间最真挚的亲情与爱情。而即位前的那段闲静岁月里，他则像一位居士一般感受着四季轮回与草木萌动，也在日日读书中不忘修德养志，总之，在这里度过了一段欢乐而难忘的时光，在御制诗《长春仙馆》中，乾隆帝写下了"欢心依日永，乐志愿春长"的美好期盼。

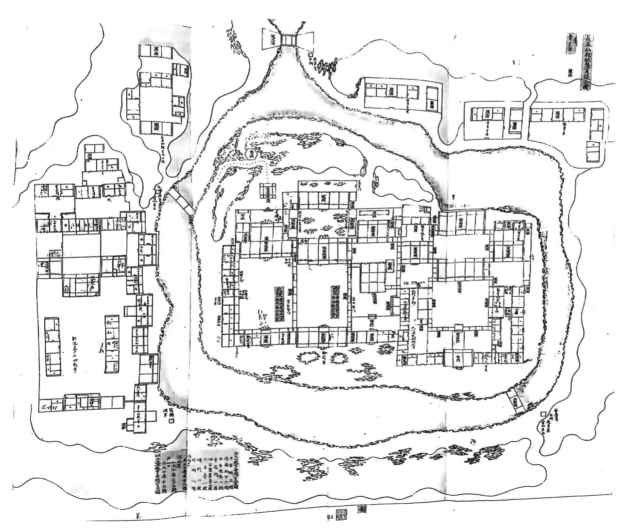

图 2　长春仙馆地盘画样全图

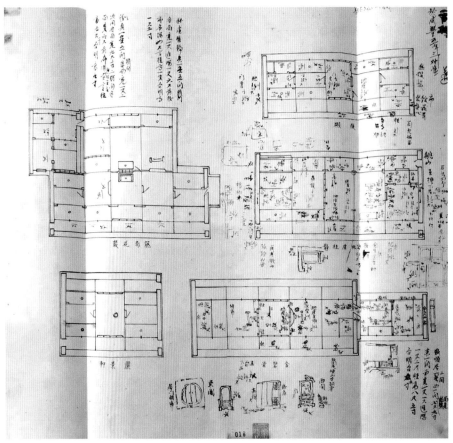

图 3　长春仙馆尺寸样　清咸丰五年（1855 年）三月

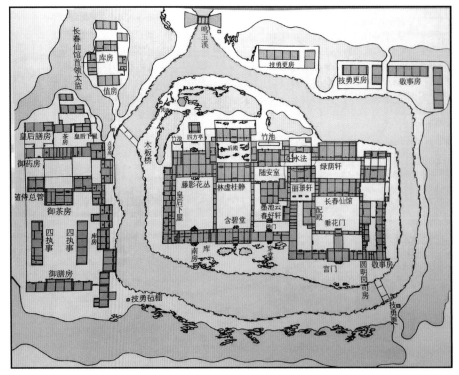

图 4　长春仙馆平面图（道光中期格局）

为便于园居读书，历史上长春仙馆曾设有多处书房、书室，比如含碧堂是乾隆帝旧时的一处书屋，这处书屋"背倚沧池，盈窗漾绿漪"，冬天水温而不结冰，夏天天气凉爽而不燥人，所以，居住在这里，"静可澄观物，动常引构思"，难怪少年弘历很多诗作都是在这里完成的。随安室，也是长春仙馆中的一处书室，弘历17岁被赐居重华宫时曾给书室取名"随安"，即位后，在西苑、圆明园、长春园、清漪园、避暑山庄等处都以"随安"命名书房。除含碧堂、随安室外，墨池云作为长春仙馆的寝宫，也是清帝经常挥毫泼墨之处，在御制诗《墨池云》中嘉庆帝曾言，"摹帖明窗下，云烟袅墨池。毫端仙彩法，纸上露华滋。砚静诗初就，瓯香心自怡，风光修禊节，逸趣缅羲之。"[4] 111 在临摹书圣手迹的同时，明敞书窗、读书写字，内心怡然自乐，挥毫笔墨如行云流水，是在临摹，更是在体味文人书圣所独具的那份雅趣。

与长春仙馆其他书房、书屋略有不同，圆明园古香斋是乾隆帝用来收藏袖珍图书之所。乾隆帝喜读书，但鉴于大字本书籍"卷帙繁重，难携行笈"，于是命臣工编纂、刊刻了古香斋袖珍丛书10种[7]，《国朝宫史》记载，"乾隆十一年（1746年），皇上校镌经史，卷帙浩繁，梨枣馀材，不令遗弃，爰仿古人巾箱之式，命刻古香斋袖珍诸书。"[8] 这套丛书包括古香斋袖珍四书五经一部、古香斋袖珍史记一部、古香斋袖珍纲目三编一部、古香斋袖珍古文渊鉴一部、古香斋袖珍朱子全书一部、古香斋袖珍渊鉴类函一部、古香斋袖珍初学记一部、古香斋袖珍施注苏诗一部、古香斋袖珍春明梦余录一部，全书无总名和总目录，每书前冠以乾隆十一年御制序和原序，凡例、目录并校刊诸臣职名[9]。乾隆十四年（1749年），乾隆帝曾命专工小楷之王际华、王文治等26人分缮《昭明文选》为"袖珍秘册，以便帐殿明窗倚览"，名曰《古香斋鉴赏校正昭明文选》，现北京故宫博物院藏有一套（图5）。

清人钱载在《迎驾涿州过良乡县南弘恩寺》一诗中曾盛赞古香斋善本书法："乍读碑文知旧店，尚藏经卷自前朝。古香斋墨瞻三相，迥出吴装笔法超。"作为"仙馆之册府"[10]，圆明园古香斋收储袖珍图书的具体数量

我们已不得而知，但从清仁宗所题圆明园古香斋诗文，"潜邸额书斋，芸编四壁排，窗临老松下，座对小溪涯"，我们大致可知书斋的室内格局及藏书排布情形。

3 俯瞰青松而坐听清泉——清帝的夏日园居生活

囿于相关史料的相对欠缺，关于圆明园古香斋的历史功能、具体方位等基础研究一直以来都稍显不足。鉴于此，本文拟借助清帝御制墨藏、笔筒等文房用具与之互为参证，以求较为全面、客观地对圆明园古香斋予以诠释和呈现。

3.1 御园图集锦墨中的古香斋书房

乾隆九年，乾隆帝命沈源、唐岱等宫廷画师绘制《圆明园四十景图》，同年还曾命徽州著名制墨家曹素功御制"御园图集锦墨"40锭，御园图系全部选自故宫、西苑和圆明园三地的书房景观，这40锭墨构思奇巧、形态各异，有的形似古琴，有的酷似钟鼎，每锭墨正面书写楼阁景观名称，背面绘制亭台全景，侧面阳文"乾隆甲子年""曹素功谨制"。1986年，上海制墨厂翻印乾隆年间墨模制作而成（图6）。

御园图集锦墨之古香斋[11]，外形不规则，从正面看呈童子背身卧坐读书样，描金部分的荷叶造型似书童发饰，下面自然垂坠长度不等的金色丝带两根。墨锭正面镌刻洞壑与荷花纹饰，中上部模刻"古香斋"三字阴文。墨锭背面为三足大鼎图案，周围饰以荷花，荷花瓣上立着一只脚踩如意的瑞兽，其有四足，头上有独角，与善辨曲直的任法兽獬豸（xiè zhì）极为相像（图7）。

在这套墨的背面，很多书房都能够较为清晰地看到几案、书卷、笔、墨等室内陈设[12]，只可惜古香斋这锭墨背面没有摹画书房具体风貌，而是以莲花示之，这对于我们后人而言不免是一种遗憾。不过，为什么以莲花代表古香斋，笔者猜测可能原因有二：一是以莲香喻指古色古香的古代典籍，以宋代理学大师周敦颐所爱之"莲"名之，足见清帝对于我国古代文化典籍，尤其是融合儒、

图5　《古香斋鉴赏校正昭明文选》（故宫博物院藏）

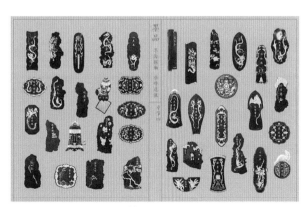

图6　御园图集锦墨（40锭）[8]

图7　御园图集锦墨之古香斋

释、道等传统文化精神于一体的宋代理学思想的珍视，透过墨面，古香古色的传统文化思想如莲之韵而娓娓复现。二是古香斋所在的长春仙馆，旧时名为"莲花馆"，据内务府《活计档》记载，雍正五年（1727年）首见"莲花馆"称谓，同年雍正帝还曾御书《爱莲说》以及对联一副托裱于莲花馆内的床罩上，对联写道，"微风送晚凉，妙香静远，斜月映清碧，仙露空明"，夏夜，微风送晚、斜月空明而莲香四溢，呈现出令人沉醉的静谧清远之境。也许这就是清帝以莲花代替古香斋墨面的用意吧。

3.2　乾隆官窑御制诗文仿石釉双联笔筒所记圆明园古香斋

乾隆朝官窑笔筒可谓美不胜收，以唐英为首的景德镇督陶官们亲自设计制造了多种式样、纹饰的笔筒，如仿木纹釉地粉彩松鹤纹笔筒、仿石纹釉笔筒、白釉墨彩篆书寿字纹笔筒等。在万寿寺的北京艺术博物馆内，藏有一件堪称"镇馆之宝"的笔筒——乾隆官窑御制诗文仿石釉双联笔筒，该笔筒由两个方形套叠而成，俯视呈"方胜"形。纹饰仿石釉，由工匠用黄、红、灰、褐等多种颜色勾画出花斑石色彩图案（图8）。

这款仿石釉双联笔筒四面开光，开光内分别用楷、行、隶、篆四种字体书写乾隆帝御制诗文《夏日园居即事》，其一楷书诗文为：为爱林泉入座清，临溪结屋敞轩楹。枝头闲弄笙簧奏，阶下平调水石声。苔渍云根成古篆，鸥闲沙浦结前盟。午馀底事寻庄蝶，恁逐晴莎信步行。诗后署"夏日园居即事"（图9）。

其二行书诗文为：绿苔满径竹梢簪，午静薰风扑画簾。鹿柴闲开知客到，鱼苗新涨识丁添。簾床恍带三秋爽，竹簟浑忘六月炎。晚凭栏干闲极目，红霞犹绕数峰尖

其三隶书诗文为：镜浦轻飔漾碧涟，池亭霁景正澄鲜。蝶依芳草能寻路，鹤习茶铛不避烟。任去任来几点鹭，半开半落数枝莲。晚来弄棹无人畔，水满清溪月满船（图11）。

其四篆书诗文为：古香斋伴几枝桐，百尺扶疏翠色笼。杖策每缘寻胜景，披襟半为纳清风。篆烟结细簾方静，棋局敲残日已中。不住吟哦缘底事，会心原与物偕同（图12）。

图8　乾隆官窑御制诗文仿石釉双联笔筒

为爱林泉入座清临溪结屋敞
轩楹枝头闲弄笙簧奏阶下平
调水石声苔渍云根成古篆
鸥闲沙浦结前盟午馀底事寻庄
蝶恁逐晴莎信步行
夏日园居即事

图9　双联笔筒开光处楷书体诗文

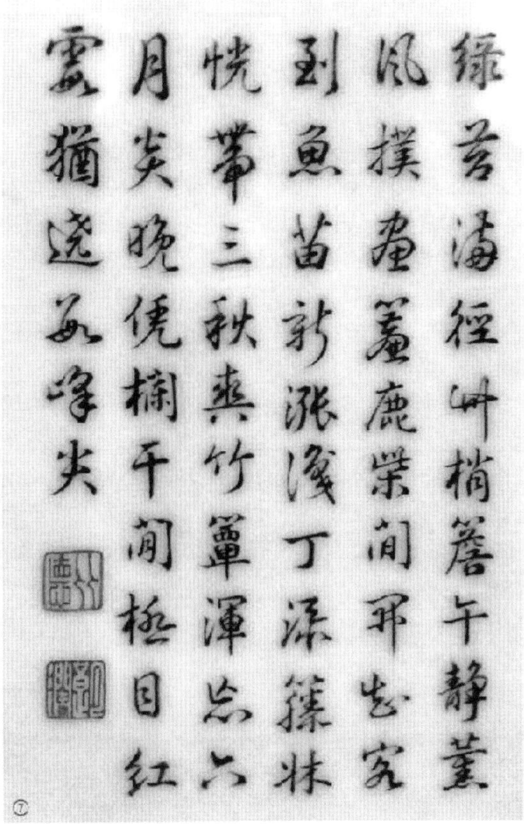

图10　双联笔筒开光处行书体诗文

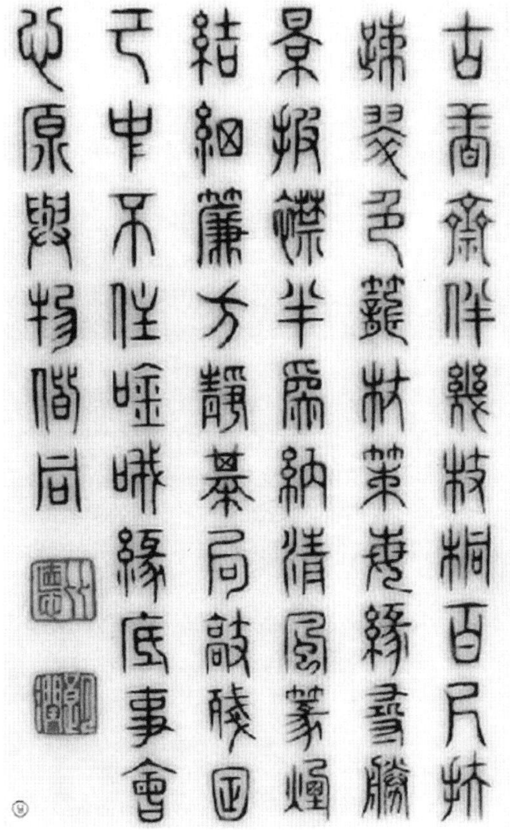

图12　双联笔筒开光处篆书体诗文

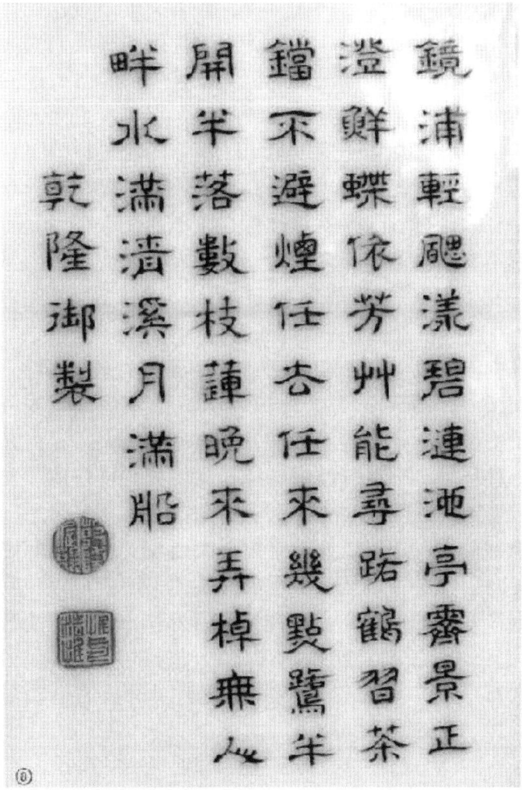

图11　双联笔筒开光处隶书体诗文

笔筒外底中心以金彩书写"大清乾隆年制"六字。

开光处的四首诗文，是乾隆帝御制诗《夏日园居即事》的组诗，被收在弘历皇子时期的诗集《乐善堂全集》中，其中第四节有"古香斋伴几枝桐"之句。圆明园长春仙馆历史上屋宇深邃、重廊曲槛，庭园小径上栽有梧桐数本，清帝夏日也喜居凉爽宜人的圆明园，对于这处夏日园居书房，乾隆帝曾多次题咏，直到乾隆五十二年（1787年）还在反复题咏，由此可见其对古香斋书房的喜爱。第一节诗中，乾隆帝点明古香斋属于"临溪结屋"，为的是可以入座清泉边而俯听清溪，闲暇之时玩弄笙簧乐器，乐曲与溪边的水石之声相映成趣，近处苔痕青绿，远处沙鸥闲集，百无聊赖之时的午睡还不忘庄周梦蝶而心与物同。第二、三、四节诗文延续了第一节的诗风，诗中主人公俨然一位夜阑卧听风吹雨的诗意少年，懂得释然任性亦明了参天地而化育。总之，清帝们于此俯瞰青松而坐听清泉，并悠然徜徉于书的世界，这般夏日园居生活当是怎样的惬意与悠闲？

4　结语

身为帝王，想要完全任情山水而观书听泉，何其难也。想到万千黎民苍生，肩上的使命感与心中的责任感油然生。所以，清帝的园居读书生活有着远比观书听泉更为深刻的价值和现实功利目的。

4.1　稽古之思

在圆明园内有一处供皇子们学习的地方，叫作"洞天深处"，其内矗立着孔子神龛，乾隆帝曾题写对联告诫诸皇子，"道统集成归智德，圣功养正仰微言"，他告诫皇子们将来想要治理好国家，必须学好儒学道统。类似的训诫在圆明园"茹古涵今"同样存在，当谈到为什么喜欢阅读四书五经等古代文化典籍时，乾隆帝说道，"茹古非关希博雅，古来治乱在遗编"，意谓芸编蕴古香，在古代文化典籍中蕴含着丰富的人生道理和治国方略。所以，面对牙签万轴，乾隆帝致力于"漱芳润、撷菁华"，本着"不薄今人爱古人"的文化态度，不断汲取来自古代文化典籍的营养与智慧。

每次来到古香斋，面对满壁的文化典籍，乾隆帝都非常惭愧，他自谦地检讨道，"修己蓬心惟有愧，治人菁目更无方"，之所以会感觉治人无方，他认为源于自己尚未把握到书史之"真味"，所以"只觉昔今度幻光"而倍感光阴虚度。这是乾隆帝的自谦之词，清朝在康乾时期达到盛世，可谓国泰民安、河清海晏。不过，如何由言到行做到知行合一确实是困扰清帝的一大难题，在御制诗《古香斋》中，乾隆帝说，"三谟二典分明在，扞格施行空望洋"，透过古代文化典籍，汲取智慧和力量才能够真正感受到古香，而事实往往却是知行抵牾而难以体味其真意。所以，乾隆帝教导嘉庆帝颙琰说，"顾学于古训，尤贵身体力行，思难图易"[4] 118，"古香求雅正，圣学示仪型"[4] 122，告诫皇子要谨遵古人思想精华，做到以言为经而以行为法。事实证明，善学古人的清朝在清帝的励精图治下的确迎来了盛世，达到中国历史上政治、经济、文化、艺术等全面发展的又一个高峰期。

4.2　正谊明道

除却稽古之思，清帝们还借助园居读书生活而正谊明道。西汉董仲舒曾言，"夫仁人者，正其谊不谋其利，明其道不计其功"，在中国传统思想影响下，清帝们乐于在书房一角正心澄性而体仁悟道，力求居之无倦、行之以忠，做到以天下为己任，先天下之忧而忧、后天下之乐而乐。在古香斋及其赐居之所长春仙馆，少年弘历致力于通过书房生活修身养性、涤荡家国情怀，在这里，他于含碧堂澄怀、于随安室安仁、于抑斋反省自警。

每到夏天，含碧堂总是盈窗漾绿，乾隆帝由此尝试静观绿意而澄怀味象，窗前沧池之水流淌不息，他由此也感受到了自然生命的生生不息。随安室，是弘历17岁居重华宫时的书室名，后在圆明园、清漪园、静宜园等多处予以题额，在《随安室四咏》中，乾隆帝指出，"所遇而安，昔时藉以淑己而已。今则四海之广，兆民之众，无不欲其随时随地而安。"[4] 98透过诗句，我们看到了一个致力于万方安和、九州清晏的仁皇帝立志让百姓随时随地而安的宏大愿景，在《随安室有会》中，他进一步解释"随安"为"随物会其通"[4] 104，意谓身体力行而躬身示范，做到顺应物理而从之。乾隆帝还骄傲地举例说，清军之所以能够于乾隆五十三年成功平定台湾林爽文起义，便是因为使用了"随物会其通"之思想。在长春仙馆中，抑斋也曾是弘历的书房。抑斋，顾名思义，控制自己的欲望而不断进修，以期达到内圣外王而王道天下。以此为额，他想要时时警醒自己，要不断进德修业、福泽百姓。

4.3　仰观宇宙

唐代诗人陈子昂在《登幽州台歌》中曾发出了"前不见古人，后不见来者，念天地之悠悠，独怆然而泣下"的悲怆呼声，在古香斋这一书房空间内，清帝没有陈子昂怀才不遇的悲愤，但同样想要突破时间的局限而连通古今、横贯天地，在古香斋尤其长春仙馆，乾隆帝多次表达了对于突破时间束缚而万古长春的美好愿景。在御制诗《长春仙馆得句》中，他说："忧乐向来成底事，诗书无射合相于。松间雅爱风延爽，竹里仍看月入虚。廿四年前闲景概，只宜分付绿纱疏。"[4] 95一方面，他是在回忆自己在这里生活的点点滴滴，同时也在感叹着时光的易逝。这首诗写于乾隆二十四年，距离赐居于此已十年有余，青春时光就这样付之东流而一去不返，面对川流不息的时间，作为沧海一粟，人类是何其渺小与短暂，所以乾隆帝一生都想要长春不老，个体生命如此，江山大业同样希望能够万古而长春。

在中国传统文化底蕴中，书房并不是专为藏书而设。"百间朗朗，插架三万"，当然显示了藏书家的气派，但对于中国士人知识分子而言，书房意不在书，它讲究的是一种环境、一种气氛或者说一种境界，它营造了一种隔绝尘氛和功利之心的空间，在这里，可以委怀琴书，可以修德养志，还可以仰观宇宙之大而与天地精神相统一。在圆明园古香斋及众多皇家园林的书房景观内，我们看到了同样的审美文化精神与价值诉求，体现了清帝对士人知识分子精神价值的主动吸纳，同时也体现了圆明园作为皇家园林，对私家园林美学价值的借鉴与融合。

参考文献

[1] 张小李 . 书房简史［M］. 任万平 . 照见天地心：中国书房的意与象 . 北京：故宫出版社，2022：278.

[2] ［汉］郑玄注，［唐］陆德明音义，［唐］孔颖达疏 . 礼记注疏：卷 36［M］// 影印版 . 文渊阁《四库全书》：第 116 册 . 台北：台湾商务印书馆，1986：82.

[3] ［宋］高承 . 事物纪原：卷 8. 影印版 . 文源阁《四库全书》：第 920 册，第 230 页 .

[4] 何瑜 . 清代圆明园御制诗文集：第二册［M］. 北京：中国大百科全书出版社，2020：94.

[5] ［清］于敏中等 . 日下旧闻考：卷 81［M］. 北京：北京古籍出版社，1981：1343-1344.

[6] 朱良剑 . 圆明园景御制墨藏［M］. 合肥：安徽科学技术出版社，2015：91.

[7] ［清］乾隆敕辑：古香斋袖珍十种［M］. 广州：文物出版社，2015：3.

[8] ［清］鄂尔泰 . 国朝宫史：下［M］. 左步青，点校 . 北京：北京出版社，2018：675.

[9] 翁连溪 . 清代内府刻书研究：下［M］. 北京：故宫出版社，406.

[10] 清仁宗 . 古香斋［M］// 故宫博物院 . 清仁宗御制诗：第 1 册 . 海口：海南出版社，173-174.

[11] 上海徐汇艺术馆 .《乌金千秋照——徽墨专题展》展览图录，2021：42.

[12] 石鼓风 . 徽州墨模雕刻艺术［M］. 合肥：黄山书社，1984：77.

作者简介

李营营 /1986 年生 / 女 / 山东济宁人 / 北京语言大学文学博士 / 文博专业系列中级职称 / 研究方向为园林美学 / 海淀区圆明园管理处研究院

远境与远意

——论祁彪佳园林的意境营造

The Vision and Meaning of Distance

——The Creation of Artistic Conception in the Garden of Qi Biaojia

李昊霖　　易于歆

Li Haolin　　Yi Yuxin

摘　要： "远"这一概念在中国艺术中源远流长，它在宋代成为山水画技法中的重要概念，又在明代文人园林中得到了具体的空间性阐发，成为园林文化的重要内涵。本文结合晚明文人祁彪佳对其园林寓园的文字记录和相关图像资料，重现了祁彪佳对其园林的营造过程，指出"远"的概念对其园林意境营造的重要性；并通过聚焦于寓园中远阁这一分胜景点的文本分析，阐明了物理空间中的远近关系如何在文人园林的诗意空间中得以实现从远境到远意的超越，为当代风景园林诗意空间的营造提供了启示。

关键词： 祁彪佳；寓山注；三远；意境

Abstract: The concept of Distance has a long history in Chinese art. It became an important concept in landscape painting techniques in the Song Dynasty, and in the Ming Dynasty literati gardens to get a specific spatial interpretation, becoming an important connotation of garden culture. This paper combines the late Ming literati Qi Biaojia's textual record of his garden and related image materials, recreates the process of Qi Biaojia's creation of his garden-Yu Garden, and points out the importance of the concept of Distance to the creation of the artistic conception of his garden. By focusing on the textual analysis of the Yuan Pavilion as one of the points of interest in the Yu Garden, the near-and-far relationship in the physical space is clarified, and the transcendence from the distant vision to the distant meaning is realized in the poetic space of the literati's gardens, which provides a inspiration for the creation of poetic space in contemporary landscape architecture.

Key words: Qi Biaojia; The Annotation of Yu Mountain; San Yuan; artistic conception

前　言

　　"远"，如其字义，其概念本身在中国艺术中便源远流长。"远"在中国艺术中的精神内涵，可上溯至庄子"游乎四海之外"的逍遥之远，此后在魏晋玄学的影响下又诞生了"清远""玄远"的表达[1]。在"黄老告退，山水方滋"之时，山水画的出现让这种绝世之通远有了精神转向之处，更具备了实质性的表现方式。这种表现方式到了北宋，被郭熙具体地阐发为"三远"：高远、深远与平远。从此，"远"又被赋予了一层绘画技巧的含义，被大量运用于山水画的意境表达中；而园林，作为一种咫尺重深的空间艺术，自然也需借助"远"来达成其小大之辩。

　　至明代中晚期，变化的社会格局影响着士大夫的经世之方，而阳明心学的广泛传播则塑造了他们的处世态度。二者共同导致了这一时期文人艺术观念的转变。正如周维权指出，明代严格的文化政策与知识界的人本主义思潮相互冲击，使这一时期的艺术展现出以感性突破理性，以追求自我实现的结构[2]。随着明代园林的文人化发展，这种艺术意境也体现在文人园林中：文人意图通过造园表达隐藏自身内心的情感。因此，此时园林造景中的"远"不再仅仅是对园林要素距离感的控制，更是使园主人赋予园林的内涵得以具体空间化，从而塑造园林意境的重要途径。本文将论述明末文人祁彪佳在构筑寓园时，如何借"远"实现其意境营造。

1　寓园的构筑过程

祁彪佳，绍兴山阴人，生于晚明万历三十年，22岁中进士，次年开启仕途，至33岁时因忤逆权贵告急南归，此后一边广泛游览绍兴府中百余座私家园林，著《越中园亭记》一书；一边在位于山阴的寓山着手构筑自己的园林——寓园。寓园构筑于祁彪佳生命的最后11年，从其于崇祯八年"引疾南归"至弘光元年四月自沉于园中让鸥池，祁彪佳几乎从未间断在园林中的卜筑活动[3]，且这些活动都被其几未间断地记录于其日记中，录于《祁忠惠遗集》，并侧面反映于祁彪佳与其友人对寓山的题咏诗文集《寓山志》中。虽然寓园今已不存，但这些丰富的文献材料仍可作为研究祁彪佳园林营造思路与具体实践的重要参考。

从崇祯十一年祁彪佳邀其友人陈国光绘制的《寓山园景图》（图1）可以看出，寓园整体为半山半水的布局，游人乘船至池畔入园，过水面逐步拾级而上至寓山山顶，各分胜景点则被错落有致地穿插于这一动线周围；而值得注意的是，寓园的营造却并非按动线顺序一气呵成。《寓山志》中的《寓山注》一题，为祁彪佳于崇祯十年至崇祯十二年为寓园中主要分胜景点所作的解注性质的介绍文字[3]。《寓山注》序简洁地概括了祁彪佳对寓园主要工程的营建过程：

> 园开于乙亥之仲冬，至丙子孟春，草堂告成，斋与轩亦已就绪。迨于中夏，经营复始。榭先之，阁继之，迄山房而役以竣。自此则山之顶趾，镂刻殆遍，惟是泊舟登岸，一径未通，意犹不慊也。于是疏凿之工复始，于十一月自冬历丁丑之春，凡一百余日，曲池穿牖，飞沼拂几，绿映朱栏，丹流翠壑，乃可以称园矣。[4]

从崇祯八年开园之始，祁彪佳先是构筑了寓山草堂、志归斋、太古亭等较为朴素的建筑，而后专注于山体上构筑物的创构，包括友石树、远阁、烂柯山房等，最后方进行了对园门至山脚平地处景观的整治，包括让鸥池的开凿和池畔景观的布置。整体修建过程看似写意随性，实则是其设计思路与构筑实践的相辅相成。如祁彪佳自己所言，"前役未罢，辄于胸怀所及，不觉领异拔新，

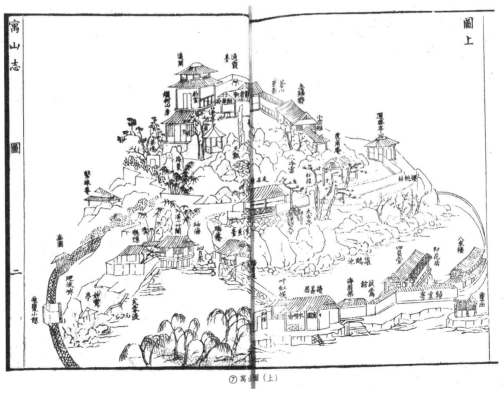

图1　[明]陈国光《寓山园景图》（引用自明崇祯刻本《寓山志》，尊经阁藏本）

迫之而出"，正是每一处新增景致对于其设计意图的迭代，创造了寓园虽由人作，"若为天开"的最终成果[4]。

2　"远"对园景的整体塑造

上述造园过程被祁彪佳的友人张岱在《寓山注》眉批中概括为"以意造园，复以园造意"[5]。而在这造园之意中，最明显地被呈现的便是祁彪佳通过远近关系调控寓园诸景的整体布局，并进而以诸景的具体空间形态将悠远意境得以具象化表达。如造园早期构筑的烂柯山房，祁彪佳形容从"寓园外望山房，在咫尺耳"，而它通过对通向山房路径的调整，使其经友石榭、约室后，曲折回转于寓山的山林泉石间后方可到达，使山房获得了一分远离尘世的悠远意象，而这种意象又被在山房中"就枕上看日出云生"的身体经验所进一步强化[4]。

类似的身体感知在芙蓉渡一景中得到了祁彪佳的复现。这一寓园中主要水景的渡口，通过绕转的曲廊与草阁相连，是祁氏认为园中难得可以长啸吟咏的幽静之所；而通过对渡口水面数朵荷花的种植，祁彪佳实现了对园外远山的借景，让山、花与吟啸的观者实现片刻的共在：

> 不是主人会心处，惟是冷香数朵，想象秋江寂寞时，与远峰寒潭，共作知己。[4]

而对远之意境的营造在位于寓园山顶的远阁中得到了最充分的诠释。远阁属于寓园中较早完成的建筑：在对寓山上进行了初步的营建后，祁彪佳在崇祯九年夏便于寓山顶竖立起远阁，以遍览"越中诸山水"，而此后多年间远阁一直作为祁彪佳与友人登高临深、小酌畅谈之所[6]。在《寓山注》中祁彪佳用大篇幅的笔墨对远阁之景进行了详细的记录：

> 阁以"远"名，非第因目力之所极也。盖吾阁可以尽越中诸山水，而合诸山水不足以尽吾阁，则吾之阁始尊而踞于园之上。阁宜雪、宜月、宜雨：银海澜回，玉峰高并；澄晖弄景，俄看濯魄冰壶；微雨欲来，共诧空濛山色；此吾阁之胜概也。然而态以远生，意以远韵。飞流夹巘，远则媚景争奇；霞蔚云蒸，远则孤标秀出。万家烟火，以远故尽入楼台；千叠溪山，以远故都归帘幕。若夫村烟乍起，渔火遥明，蓼汀唱"欸乃"之歌，柳浪听睍睆之语，此远中之所孕含也。纵观"瀛峤"，碧落苍茫；极目"胥江"，洪潮激射，乾坤直同一指，日月有似双丸，此远中之所变幻也。览古迹依然，禹碑鹄峙；叹霸图已矣，越殿乌啼。飞盖"西园"，空怆斜阳衰草；回航"兰渚"，尚存修竹茂林。此又远中之所吞吐，而一以魂消、一以怀壮者也。盖至此而江山风物，始备大观；觉一壑一丘，皆成小致矣。[4]

祁彪佳在首句就指出，远阁之"远"不仅指视觉观察的物理意义上的远，而崇祯刻本的眉批在此处更挑明了远的深层含义："取远意非取远境"[5]。暗藏于"目

力之远"的"远境"之下的，是不可见的"远意"。而正是这种远意，才是合越中诸山水也无法道尽的，也是祁彪佳将远阁尊于一园之上的原因。对远阁的进一步分析，展示出祁彪佳对"远"之意境的营造，正是从可见的远境逐步走向不可见的远意的过程。

3　远阁与远境

首先，祁彪佳描绘了三种不同天气下远阁的远境，他称之为远阁之"胜概"，而这三种远境，恰好与郭熙对"三远"的描述遥相呼应：

> 山有三远。自山下而仰山颠，谓之高远；自山前而窥山后，谓之深远；自近山而望远山，谓之平远。高远之色清明，深远之色重晦，平远之色有明有晦。高远之势突兀，深远之意重叠，平远之意冲融而缥缥缈缈。[7]

在雪中从远阁眺望，光眩的积雪如银白的海浪，远山洁白如玉，泛出"清明"之山光，此为"高远"；月下的远阁可见澄辉弄影，月色倒映在鉴湖摄人心魄，此为从山前窥山后水色之"深远"；而细雨迷蒙中远阁所见的"空濛山色"，则是如雨后初晴的西子般"冲融而缥缥缈缈"的"平远"意境。不同天气下，远阁揽收之景共同呈现出山水画般的清远意境，如郭熙一幅《秋山行旅图》（图2），站在画幅右下旅人视角，高可窥近处耸立之山石，深可窥山后小桥、山涧与楼阁，远可窥朦胧而连绵的叠嶂。远阁则结合自然气象之变，将富有层次的远境挣脱尺牍的束缚，收入园林之中。

在展示完远阁胜概后，祁彪佳笔锋一转，指出"态以远生，意以远韵"。一"生"一"韵"，使人联想到谢赫的"气韵生动"之语：山水情态因远而"生动"，山水意境因远而有"气韵"。而其得以实现之法，在于"远"，能敞开出被"近"所遮蔽的样态。在山水画中，郭熙称其为对山水"真"意的呈现：

> 真山水之风雨，远望可得，而近者玩习不能究错纵起止之势。真山水之阴晴，远望可尽，而近者拘狭不能得明晦隐见之迹。[7]

而在园林之中，山水不再是需要通过画笔复现的景致，在山顶远阁所遍览的本就是真实可感的山光水色；而"远"此时赋予山水的真意，是超越画幅的"生动"的真趣。祁彪佳在此处指出的远阁所见的"飞流夹巘"与"霞蔚云蒸"两种景致：对于山间飞流，观者在近处只能看见溪涧从山中流出，而因为远，观者得以注意到群山间飞流争奇，动态的流水取代静止的山峦成为观察的主体，生动在一"争"字中得以呈现；而对于山中云雾，观者在近处只能看见山隐于云中，而因为远，观者得以注意到在隐没的群山中有出云独立的孤山，对比下的云中群山被赋予了竞出的动态，生动在一"秀"字中得以呈现。"争奇"和"秀出"，正是远境之生动所在。

图2　[北宋]郭熙（传）《秋山行旅图》（119.6厘米×61.3厘米，台北故宫博物院）

4　远阁与远意

与远阁所览之景共生的，祁彪佳指出了"远"所带来的视觉上的包容性，即远眺能把"万家灯火"和"千叠溪山"尽收眼底，这与郭熙所形容的观山水画时须"远而观之，方见得一障山川之形"的原理并无二致[7]，而这两种远观的意象在牧溪的《渔村夕照图》（图3）和盛懋的《溪山清夏图》（图4）中均可找到类似的母题：前者通过横向长轴的广阔视野遍览散落于沙浦间的渔家灯火；后者则通过纵轴代入画布下方草阁的视角，望向远处的溪山层峦。

但祁彪佳在此写"烟火"与"溪山"，却不止于描绘视野对景致的包揽，更重要的是以此架起"远境"通往"远意"的桥梁，也是"生动"与"气韵"间的连接所在。张彦远在《论画六法》中说："有生动之状，须神韵而后全。"[8]可见气韵是在生动的可见之形状下所隐藏的无法被轻易直观的生命力，这种生命力在对远意的感受中得以逐渐向观者涌现。

于是，在远阁内，本不可见的景致在祁彪佳的视界中敞开：远处的"烟火"逐渐明朗，在"村烟"与"渔火"中，仿佛能听到水畔的棹船款乃之声与柳浪闻莺之语；而顺着"千叠溪山"的视线引导，仿佛能看见更远处的瀛洲、员峤等海外仙山与钱塘江畔的滔天"洪潮"。这便是"远"对观者感官的延伸作用，使人的视觉不期而然地转移到想象之上[1]。在想象中，远处的山水被呈现为棹船、仙山等现实中理应听不见也看不见的"虚无"之景；但正是在这些景致中，观者得以超越于远境，在无穷的远意中与宇宙相感相通。

这种通于万物，首先通达的是生动之状下暗含的生命力，在超越视觉的景致中观者感受到的是不同生命状态的自在涌动，这便是祁彪佳所指的"远中之所孕含"。其次它将万物通于"同"，齐"乾坤"于"一指"，事物在远的苍茫中已不复有二分，这则是祁彪佳所言的"远中之所变幻"，而它更根源于庄子所谓的天地万物"自其同者视之"，可得"天地一指也，万物一马也"[9]。万物本就存有相通内在之同，在幻化的远意中，分别的万物得以相融，观者也借此实现内心的通达，即"心远"。而这种内心的通达，将进一步超越空间，走向时间。

如胡塞尔所言，每一种现实的体验也同时是持续的体验，这种体验存续于绵延的时间中；而当下的感知提供了注意力的联系点，将过去与未来同观者相连[10]。在远阁中，空间性的远意也被自然而然地置于时间中，而这些时间中的悠远之景，被成对地呈现在他的眼前：大禹治水时留下的"禹碑"保留着其古迹，而吴王的宏图霸业如今只剩"越殿乌啼"；兰亭回觞之处如今还有"茂林修竹"尚存，而曹植所描绘的西园飞盖的场景却只有"斜阳衰草"令人徒留悲怆。两对景物在远阁的视野中均可大略确定其方位，但在历史的长河中它们却或存于世，或毁于时；存于世者使人"怀壮"，而毁于时者则让人"魂消"。或成或毁，都尽含于这无穷的远中：这便是"吞吐"万物的时间之远。如《齐物论》语：

> 其分也，成也；其成也，毁也。凡物无成与毁，复通为一。[9]

在这时间性的远意中，万物已无成毁之别而通融为一，观者也从无限的空间中进而纵身于无穷的时间内。而回顾这一递进的过程，祁彪佳从"烟火"与"溪山"的可见之远境，通过内心的观照，望到了于心中更"远"的远中之吞吐，从而跳出远境之外，进入无穷远意之中。

图3　[南宋]牧溪，潇湘八景·渔村夕照图（33.1厘米×115.3厘米，根津美术馆）

图4　[元]盛懋，溪山清夏图（204.5厘米×108.2厘米，台北故宫博物院）

如顾凝远的"气韵或在境中，亦在境外"[11]，又如司空图的"远而不尽，然后可以言韵外之致耳"[12]，随着生命的观照从境中通达境外，蕴藏于"生动"之中的无尽"气韵"也就此呈现。这种气韵，是"远"中事物"生动"之下的本质显现，也是事物与观者共通之生命力的显现与共鸣。

至此，可见与不可见、有尽与无穷，如芥子纳须弥，都被容入远阁的帘幕之中；而"远"本身的内涵——远境与远意、生动与气韵，也都在观者通达的感知中自在敞开。远阁眺望所见的"江山风物"已不再是孤立于寓园的物之客体，它们借由观者的生命经验被纳入园林之中："江山"在旷远的空间中同而为一，"风物"则在玄远的时间中同而为一，它们在"远"中超越了空间与时间，成为真正意义上的"大观"。而纯粹视觉所见的"一丘一壑"，它们被框定于自身形态的有限性之中，相较之下便是微不足道的"小致"了。这便是园林中的"远"所旨在完成的小大之辩：在远中，万物之现象已无须再做分别，园林中的观者也得以从时空限制的境域中一一跳脱，终如《齐物论》所言：

天下莫大于秋毫之末，而大山为小；莫寿于殇子，而彭祖为夭。天地与我并生，而万物与我为一。[9]

结语

本文通过展示祁彪佳对寓园的营造过程，尤其借助了对远阁营造的文本分析，论述了"远"这一在中国哲学与艺术中源远流长的概念对于祁彪佳园林意境营造的重要作用，并还原了其以"远"造园，复以园造"远"的过程，阐释了物理空间中的远近关系如何在文人园林的诗意空间中实现从远境到远意的超越，达成可见与不可见之远、有尽与无穷之景的通融合一。祁彪佳对于这种悠远诗意空间的营造，体现了晚明文人从对园林外在形式的追求向对人内在心性追求的转向，是明代园林文化的重要内涵和价值所在，这种意境营造观也影响着后世造园者的造园理念。从明至清，民间造园活动日益频繁，掇山理水的造园技巧也日益成熟，但亦有造园者摒除繁复的技巧，用园林直抒胸怀。如个园以竹心虚体直的特点营造园中幽深意境，又如网师园以濯缨水阁和鸢飞鱼跃之景抒发园主愿如渔父的超然之志，这些园林虽然没有对寓园形制的直接模仿，但也复现了祁彪佳"以意造园，复以园造意"的造园意境，这对当代的风景园林营造依然具有启示意义。

参考文献

[1] 徐复观.中国艺术精神［M］.北京：商务印书馆，2010.

[2] 周维权.中国古典园林史［M］.3 版.北京：清华大学出版社，2008.

[3] 曹淑娟.流变中的书写：祁彪佳与寓山园林论述［M］.台北：里仁书局，2006.

[4] 祁彪佳.祁忠惠遗集［M］.刻本.1835（清道光十五年），卷七.

[5] 祁彪佳.寓山注［M］.刻本.1628-1644（明崇祯）.

[6] 祁彪佳.祁彪佳日记［M］.张天杰，点校.杭州：浙江古籍出版社，2015.

[7] 郭熙.林泉高致［M］.梁燕，注译.郑州：中州古籍出版社，2013.

[8] 张彦远.历代名画记［M］.朱和平，注译.郑州：中州古籍出版社，2016.

[9] 陈鼓应.庄子今注今译［M］.北京：中华书局，2020.

[10] 胡塞尔.纯粹现象学通论［M］.李幼蒸，译.北京：商务印书馆，1992.

[11] 秦祖永.画学心印［M］.刻朱墨套印本.1878（清光绪四年），卷二.

[12] 司空图.司空表圣文集［M］.刻本.吴兴：刘氏，1914（民国三年），卷二.

作者简介

李昊霖 /1997 年生 / 男 / 福建三明 / 硕士研究生 / 无职称 / 中国古代文人园林 / 北京大学建筑与景观设计学院

易于歆 /1998 年生 / 女 / 湖南长沙 / 硕士研究生 / 无职称 / 中国古代文人园林 / 北京大学建筑与景观设计学院

基于旅游活化的京西稻农业文化遗产可视化表达
——兼论园林的意境营造

Tourism Activation of the Paddy Fields in Western Beijing Agricultural Cultural Heritage on Design Studies
——Discussion on the creation of artistic conception in gardens

张祖群　吴秋雨　王　滢　李潘一

Zhang Zuqun　Wu Qiuyu　Wang Ying　Li Panyi

摘　要： 京西稻是典型的中国重要农业文化遗产，处于逐渐被人遗忘、被边缘化的危险状态。在人地关系矛盾的今天，京西稻作文化系统是形成"三山五园"理想的人居环境景观之缩影，其文化标本意义大于实际文化再生产意义。应用案例分析方法，解析京西稻农业文化遗产的现代生态建设、农事体验、活化保护、可视化呈现等旅游活化措施，以促进农业文化遗产的功能转型与文化认同。应用艺术设计方法，对海淀区劳动教育标识、京西稻农业文化遗产进行可视化设计实践。

关键词： 京西稻；农业文化遗产；旅游活化；设计艺术学

Abstract: The Paddy Fields in Western Beijing is a typical important agricultural cultural heritage in China, in a dangerous state of gradually being forgotten and marginalized. In today's contradictory relationship between humans and land, the rice cultivation cultural system in western Beijing is a microcosm of the ideal living environment landscape of "three mountains and five gardens", and its cultural significance is greater than the actual cultural reproduction significance. Apply case analysis method to analyze the modern ecological construction, agricultural experience, activation protection, visualization and other tourism activation measures of the Paddy Fields in Western Beijing agricultural cultural heritage, in order to promote the functional transformation and cultural identity of agricultural cultural heritage. Apply artistic design methods to visualize the labor education signs in Haidian district, Beijing city and the Paddy Fields in Western Beijing agricultural cultural heritage.

Key words: the Paddy Fields in Western Beijing; agricultural cultural heritage; tourism activation; design art

基金项目：教育部学位与研究生教育发展中心 2023 年度主题案例"中华优秀传统文化的文化基因识别与文创设计"（ZT-231000717）、北京市社会科学基金规划项目"北京古都艺术空间因子挖掘与遗产保护"（21YTB020）、中国高等教育学会"2022 年度高等教育科学研究规划课题"重点项目"基于文化遗产的通识教育'双向'实施途径"（22SZJY0214）、北京理工大学 2024 年研究生教育培养综合改革一般项目（教研教改面上项目）"设计学（文化遗产与创新设计）硕士创新培养模式：融通专业学习与领军价值引领"。

1 研究背景

1.1 研究意义

北京京西稻稻作文化系统在 2015 年入选第三批中国重要农业文化遗产名录。农业文化遗产具有很强的复合性，从水源环境、土壤环境、人文历史学等分析京西稻农业文化遗产中的生态智慧并将其可视化呈现进行科普宣传，这是基于设计学并融入生态学、遗产学、人类学的多重跨学科研究，能够为农业文化遗产的传承提供综合性的解决方案。虽然京西稻目前种植面积小，但是由于其特殊的历史文化源流，以及地处市区的优势地理位置，京西稻已经不单纯是一种农作物品种，而具有农业文化遗产活化的标本意义。京西稻作为农业文化遗产活化是整体农耕文化遗产场域的重要启蒙与典型示范，探索其中的生态智慧与将其模式可视化表达，能够促进我国其他地域的农耕文化遗产的有序传承。

本研究基于设计学对京西稻农业文化遗产进行旅游活化探析，旨在深入挖掘京西稻农业文化遗产的生态原理与地方智慧，提出京西稻农业文化遗产旅游的多维活化策略，包括现代生态建设、农事体验、观光旅游、农业科普、产教融合和可视化呈现等，实现农业文化遗产从传统的农耕功能向生态功能、文旅休闲功能、文化传播功能、公共文化服务示范功能等转换。依据京西稻独特的优势条件，与数字技术、互联网技术结合，创新农业发展方案，让京西稻农业文化遗产通过线上宣传与线下体验等方式走进人们生活，吸引更多群众来到京西稻农业文化遗产地游览、体验与消费，切实带动农业产值增长。同时提炼出其核心文化元素和价值，创新性地融入现代设计中，从而实现京西稻活态传承（图 1）。

1.2 研究现状

与其他稻作文化遗产相比，京西稻农业文化遗产具

有自身的独特性。由于其丰富的内涵、悠长的历史传承与独特的历史风貌，在 2015 年被评选为第三批中国重要农业文化遗产[1]。近年来，随着对农业文化遗产的重视加强，京西稻保护和研究重新回归学术视野。京西稻历史上的主要种植区多年来于青山、秀水、园林之间穿插，形成了具有山、水、田、园四个层次的景观格局体系，成为三山五园景观体系不可或缺的一部分[2]。此外，京西稻主要种植在北京海淀区、房山区，加之水利设施的修建，使得北方呈现少有的"江南水乡景观"，承载了一种广域的北京乡愁。最后，京西稻作为皇室培育的唯一稻米之一，铸就了一种独特的"御稻"文化。海淀区积极保护京西稻，制订了京西稻保护性种植规划；同时，一些学者和专家共同成立了京西稻文化研究会，旨在推动京西稻的保护、传承与发展。为了提升公众对京西稻的认识和兴趣，近年来策划并举办了插秧节、开镰节、开粥节等丰富多彩的农事节庆活动，让游客在参与乡村旅游和农耕体验中感受到京西稻的魅力。

京西稻在近些年已经取得了一定的发展成果，但相较于其所蕴含的独特价值和所处的优越地理位置，其当前发展进度仍然显得迟缓，其潜在的价值尚待进一步挖掘和发挥。京西稻作为我国农业文化遗产与非物质文化遗产的双重遗产，具有重要的文化价值与历史底蕴。要对其历史发展脉络进行梳理与分析，并结合当下的社会环境研究京西稻的未来出路；解析其中的生态智慧，在"大都市、小农村"背景下针对其发展存在的问题提出解决方案。本文的创新点在于：（1）采用跨学科的研究方法，提出一种多维度的京西稻农业文化遗产旅游活化策略，通过科普视觉化的设计、图像化的表达，深入直观地展现京西稻农业基础原理与生态结构，通过对京西稻的理论分析与研究对当今农耕文化遗产、生态农业的发展产生启示与思考。（2）通过创意设计和品牌塑造，提升京西稻农业文化遗产的附加值，深入挖掘农业文化遗产的

图 1　京西稻文化品牌与调研景观（资料来源：笔者摄于 2022 年 11 月 1 日）

历史、文化和生态价值，结合现代设计理念、数字技术手段，有助于形成具有独特魅力、高附加值、高品位的文旅产品。

2 京西稻农业文化遗产旅游活化措施

2.1 多维活化措施

2.1.1 京西稻现代生态建设

京西稻的传承、保护和发展，仍有待加强，需要探索切实可行的文化遗产保护和发展途径。政府部门为京西稻划定了专门农业种植示范保护地，京西稻获得国家农产品地理标志登记，在国家知识产权领域确认对其保护性认证。考虑恢复京西稻原生地稻田景观，稻田是湿地的一种，具有生态环境调节的作用。京西稻作文化系统蕴含着丰富的农业生物多样性和相关生物多样性[3]，对于自然生态环境、优质种质资源的保护具有重要意义，京西稻作为"三山五园"地区景观的重要链接，体现着中国农业景观与园林艺术的交融[4]；在现代化建设中，农业景观也是现代城市景观规划中的重要部分，应将京西稻农业种植与城市绿化建设有效结合，形成大地景观，更有效地利用农业文化遗产所具有的独特景观格局及水土资源利用模式，提高其生态系统服务供给能力[5]（图2）。圆明园内开辟的稻田是京西稻作文化系统重要的组成部分，京西稻作文化系统也是三山五园景观链接的重要纽带，为了完整呈现圆明园景观，也应当在圆明园澹泊宁静、映水兰香、水木明瑟、文源阁等处恢复部分稻田。需要在保持原有的农业耕作方式（标本）上进行活态保护，发展有机农业，营造稻田景观，建立并恢复京西稻农业生产系统的生态多样性，实现"生态价值大于生产价值"的可持续发展。

2.1.2 京西稻观光旅游

农业文化遗产兼具自然遗产与文化遗产的双重特点，具有一定的景观观赏价值。农业文化遗产旅游观光性旅游产品是了解农业文化遗产的一个窗口，将遗产地的历史文脉、农业景观、地域风貌、当地特色民居和农业产品等都展示给游客[6]。设计京西稻的观光旅游只是运用旅游资源规划原理进行初级层次开发，但这无疑是让人们快速认识和了解京西稻农业文化遗产最直接的方式。在发展京西稻观光旅游的过程中，必须明确农业文化遗产地的保护开发中"保护"是第一位的。观光旅游的发展会为遗产地带来客流，而游览人数的增加，会给农业文化遗产地造成环境、生态系统的破坏。京西稻观光旅游应严格控制旅客数量，确保游客人数不超过环境容量范围，保护京西稻农业遗产地生态环境承载力。在旅游发展中坚持遗产保护监测，从大气、生物、土壤、文化等多方面对京西稻遗产地进行科学监测、动态监测、实时保护。以圆明园京西稻作文化景观为例，圆明园西北部的澹泊宁静遗址是康熙皇帝读书之处，近年来首次考古发掘出"田字房"与相关稻作遗迹。在进行相关文物本体修缮的基础上，2023年首次恢复了"多稼如云"的皇家农耕景观。禾田、御稻、凉亭、荷塘、废墟、遗址，潺潺流水，烈日炎炎。这里成为整个端午、暑假期间圆明园的观光热点与网红打卡地，被誉为"北京皇家园林最美稻田"（图3）。

2.1.3 京西稻的农事体验

随着人们生活水平、收入水平的不断提高，国内旅游市场逐渐释放活力，体验经济成为新的经济浪潮。在体验经济浪潮下，游客参与旅游目的地的民俗体验、节日活动，与当地居民产生紧密内在联系，在共同参与中形成社区意识与文化认同，从被动消费者转而为积极参与者[7]。如何在北京整体文化视野下充分发挥地域优势，挖掘京西稻农业文化遗产的生态智慧，将其有效地转化为旅游体验产品是值得思考的重要问题。体验经济背景下，农业文化遗产地不仅要为游客提供传统旅游的物质产品或基础服务，也通过互动装置、故事讲述等为游客创造独特体验。在京西稻的遗产活化中增加交互式展品、虚拟现实技术和游戏等互动元素，吸引观众的注意力，增加展览与活动的趣味性和参与感。利用故事性元素，

图2 海淀区京西稻大地景观（资料来源：课题组调研）

图3　圆明园恢复"多稼如云"耕读景观（资料来源：2023 年 6 月笔者自摄）

讲述有趣的京西稻故事或历史名人，或者京西稻重要创业者的经历，让观众更深入地了解京西稻农业遗产的辉煌历史和灿烂文化，增强情感共鸣和历史感染力。

皇城脚下，西山之滨，这里是"距离市区最近的皇家稻田"，以京津市民作为主要客源市场，兼顾其他分众客源市场。这种方式不仅能吸引北京居民前来线下体验农事的乐趣，也能吸引远在全国各地的人们以线上参与的方式体验京西稻作文化和参加京西稻种植。可借助互联网技术与数字技术，建设京西稻农业科普宣传体验一体化网站与 4V 营销平台。借鉴"认养一方御稻""认养一头牛"模式，实施差异化营销，向用户推出"一人一田四季"的御稻农业体验模式，用户根据自己的喜好和经济情况选择不同大小位置稻田地（方块）进行"认养"[8]，消费后通过线上监测与操控等方式对认养稻田进行播种、施肥、灌溉、养护，并最终收获，收获的稻米最终进行加工并以快递方式送到"稻主"家中。4V 营销理论体现了京西稻农业文化遗产地相关部门对消费者情感价值的高度重视，通过文旅产品或服务使消费者的情感层面与价值层面得到满足，让京西稻文化供给侧与消费者消费层之间产生共鸣。消费者会对京西稻品牌逐步产生信赖感，从而转化为忠诚顾客。此时不仅消费者对产品的需求、情感层次的需求得到极大满足，文旅产业利润也得到了自然兑现。

2.1.4　京西稻农业科普

农业文化遗产不仅蕴含着风俗节庆、谚语俗语等的文化内涵，也蕴藏着大量的可持续生产技术、生态文化思想内涵等。对农业文化遗产进行科普，应以农业文化遗产的系统要素为核心，以科学系统的手段，使受教育者能够对该农业文化遗产的关键要素和特征形成认知，形成"公众—个体—群体—社会组织"认同、热爱、保护农业文化遗产的教育过程[9]。将皇家农耕历史、农业文明展示与休闲观光有机结合，向社会公众科普京西稻作文化，能够提高大众对保护农业文化遗产的自觉性和

积极性。京西稻农业文化遗产科普可以从皇家耕作凉亭读书台、北京特色乡村建筑（京西海淀农民的碾米房、村史馆等）、农业文化体验、生产技术和农事口述经验等入手。京西稻农业文化遗产科普体验应是综合的、严谨的而不失趣味的。农耕文化是中华优秀传统文化的"根"与"魂"之一，对京西稻的科普宣教有助于传承和弘扬好农耕文化。

2.1.5　京西稻产教融合

深入挖掘京西稻的多维价值，立体性展示农耕文化，建立京西稻保护、发展、教育、科普的有效机制，让农业文化遗产真正"活起来"。微博、微信、抖音、小红书等一系列新媒体为游客提供新型沟通平台，充分利用印刷品、影音媒介和新媒体等多种媒介方式，进行京西稻的教育宣传。游客可以在不同媒介中充分展示自我，也可以根据自身兴趣爱好和特点传播个性化信息。在京西稻博物馆、海淀镇乡情村史馆、六郎庄村村史馆、海淀公园相关解说长廊、圆明园相关展厅创新陈列方式，运用多媒体形式 3D、VR，全息投影等设备，增加观众的交互式体验。研发具有地域特色的京西稻文创产品，设计京西稻 logo 形象、卡通形象、吉祥物，在文创中不断展现农耕文化的时代魅力。在京西稻扩展区海淀北部上庄镇种有 500 余亩稻田，并将稻田与插秧节、开镰节、摄影节等结合，同时利用海淀区域综合优势，使京西稻与文化创意产业融合、与社区发展融合。组织开展"大美海淀·京西稻稻田音乐节"，以稻田景观、稻草人模型、海淀皇家园林、水乡风情等为背景，设置音乐节、音乐秀、兼容美食、音乐演唱会、社交等。

2.1.6　京西稻可视化呈现

新媒体时代产生的巨量信息，筛选有效农业信息进行可视化设计，符合大众时代的审美需求。在六郎庄、柳浪家园等地进行乡土建筑规划设计，以京西稻为原型设计"沐稻亭"与"京西稻大食堂"。远观稻田，理解乡愁。稻香风格，体验共同就餐空间和乐趣。在中国第

六届农民丰收节（2023 年 9 月 23 日，秋分）至 2023 年国庆节（十一）期间，海淀区京西稻以盆栽稻的植物活体方式呈现于长安街花坛，形成亮眼的装饰艺术。民众在北京城市公共空间驻足观看、打卡拍照，形成对农耕文化的深情凝视与回眸观望（图 4）。

2.2　价值阐释与文化认同

笔者界定以北京京西稻作文化系统为代表的遗址型农业文化遗产，其特殊的气候、土壤、水热条件等自然因子形成北京湾（小平原）特有的稻作自然基础，西山皇家园林历史内涵赋予海淀浓厚的皇家文化属性，构成"三山五园"理想的人居环境景观。在人地关系矛盾的今天，京西稻作文化系统的文化标本意义大于实际的文化再生产意义（图 5）。对其价值阐述，考虑现代文旅活动场域可以进行多维度的文旅活化措施，形成人们对北京京西稻作文化系统在现代时空中的重新认知[10]。

以中国传统农业阐释为核心，建立完善的系统保护措施以保证其可持续利用，在设计开展旅游活动的同时加强对农业遗产的科研和管理。京西稻作为一种活态遗产，同时它也作为北京皇家园林的组成部分，在社会发展进程中不断演化，呈现出不同的景象。保持京西稻农业文化遗产的原真性，并不是回到历史生活的过去，而是恢复历史场景，体现历史价值内核。完全可以在传统的稻田景观、农事技艺、稻米加工等环节加入现代元素与体验参与，使传统与现代融合。使游客、参观者能够沉浸式体验京西稻农业技术，能够了解京西稻农产品生产和加工过程，加强京西稻体验。在过程参与中，学习京西稻农业技术和农产品生产流程知识，知晓农业发展历程，增强对京西稻、三山五园等文化认同。总之，以农业文化遗产价值阐释为核心，在京西稻现代生态建设、观光旅游、农事体验、农业科普、产教融合、可视化呈现等多个维度上，进行旅游活化措施，促进功能转型与文化认同。

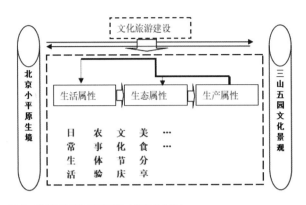

图 5　京西稻乡村旅游机制图（课题组自绘）

3　京西稻农业文化遗产的可视化设计实践

3.1　设计思路

进行三山五园中（京西稻）文化景观的可视化呈现，进行京西稻农业文化遗产活化相关内容设计，从水源环境、土壤环境、人文历史学等分析京西稻农业文化遗产中的生态智慧，并将其可视化呈现以进行科普宣传。通过平面设计将京西稻的相关生态学参数、自然环境信息、人文历史信息等晦涩难懂的理论知识数量化、可视化、科普化。可以在文创绘本读物、标识（logo）等形式中促进京西稻的视觉美学传递，形成文化遗产的可视化设计实践。数据可视化技术将机械的数字变成图像、图表呈现，不仅增添了艺术性、科技性、可读性，还可以清晰有效地传达数据趋势、风险感知等信息，帮助有助于有关部门及时监控与决策。

3.2　文创绘本

文创绘本，作为一种新兴的文化传播工具，不仅重视视觉艺术的展现，更追求在读者心中激起文化的共鸣和深层的情感体验。国内有研究者指出，对于当代年轻人而言，文创绘本已经成为他们接触和了解传统文化的一个有效途径。这类绘本通过富有创意的呈现方式，深入解读文物的历史背景和文化意义，同时巧妙融合现代设计和流行元素，创造出既保留传统文化精髓又符合现代审美的作品，从而在年轻人中传承和推广了传统文化。笔者团队拟设计一本以"京西稻"为轴心的科普绘本，形成"都市农民"京西稻生态文化系统的插画演示，复原其春夏秋冬四个不同季节京西稻的劳作场面、学生们劳作场面、大众参与场面等，以艺术设计方式进行京西稻农业文化遗产可视化呈现，提供给广大青少年、幼儿参考，增加京西稻农业文化遗产当今的文化传播示范功能[11]。

图 4　海淀区京西稻以盆栽稻装置艺术亮相长安街花坛（资料来源：学习强国）

绘本开篇，展现京西稻田的四季变换：春天，稻田里嫩绿的秧苗在微风中摇曳，与蓝天白云相映成趣；夏日，稻香四溢，金黄的稻穗在阳光下闪闪发光；秋天，收割的季节到来，"都市农民"忙碌的身影和满足的笑容构成了最美的丰收画卷；冬季，虽然稻田沉寂，但"都市农民"依然忙碌着为来年的播种做准备。本绘本详细描绘京西稻作的种植过程，从选种、浸种、播种、插秧，到田间管理、收割、晾晒，每一个环节都蕴含着"都市农民"的智慧和辛劳。通过富有艺术细节的细腻描绘，读者可以深刻感受到京西稻作文化的独特魅力和"都市农民"的辛勤付出。

除了对稻作过程的生动展现，绘本深入挖掘京西稻作文化的历史渊源和人文内涵。从三山五园到皇家御稻，从农耕文明的"耕读传家、以农为本"到农业现代化时代的"农业标本遗留"，京西稻作文化承载着丰富的历史信息和深厚的文化底蕴。读者可以看到传统与现代交织的农耕场景，感受"都市农民"对土地的深情厚意和对丰收的期盼（图6）。

3.3　教育标识（logo）

设计海淀区劳动教育标识（logo）。logo设计理念：香山蜜蜂与京西稻田稻穗两种元素进行巧妙的结合，蜜蜂象征着勤劳、劳动的美好寓意，加入海淀区京西稻田的文化元素，使之形成一个巧妙的设计联动。京西稻承载着历史上丰富的皇家农耕文化。logo以黄橙色为主调，在简洁概括蜜蜂与稻米两种元素的同时，也象征中小学生积极劳动、奋发向上的精神。特此设计海淀区中小学劳动教育标识①（图7）。

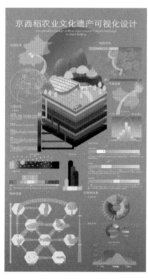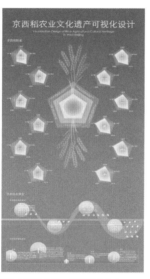

图6　京西稻农业文化遗产可视化设计图（资料来源：课题组自绘）

图7　海淀区劳动教育标识（logo）（资料来源：课题组自绘）

参考文献

[1] 赵润泽，杜姗姗，罗红玉，等.京西稻农业文化遗产价值及保护利用研究［J］.北京农业职业学院学报，2019，（3）：10-16.

[2] 魏晋茹，岳升阳.农业文化遗产视角下的京西稻发展［J］.农业考古，2016（1）：30-34.

[3] 闵庆文，张碧天.稻作农业文化遗产及其保护与发展探讨［J］.中国稻米，2019，25（6）：1-5.

[4] 张豪，高远，易楚舒，等.世界遗产视野中的农业文化遗产保护路径：以京西稻为例［J］.中国园林，2021，37（4）：81-86.

[5] 刘某承，苏伯儒，闵庆文，等.农业文化遗产助力乡村振兴：运行机制与实施路径［J］.农业现代化研究，2022，43（4）：551-558.

[6] 江梅.对全球重要农业文化遗产：陕西佳县古枣园的旅游发展潜力研究［D］.西安：长安大学，2015：10-11.

[7] Arminda Almeida Santana, Tatiana David Negre, Sergio Moreno Gil. New digital tourism ecosystem： understanding the relationship between information sources and sharing economy platforms［J］.International Journal of Tourism.Cities，2020，6（2）.

[8] 盖俐丽.基于4V营销理论的我国乳制品品牌营销策略研究——以"认养一头牛"为例［J］.现代营销（下旬刊）.2022（07）：32-34.

---

① 参见张楚秦京（北京理工大学附中七年级一班）、吴秋雨（北京理工大学设计与艺术学院2020级硕士生）提交的海淀区中小学劳动教育标识（logo）设计方案（指导教师：张祖群）。

[9] 何倩倩，吴茂林，李沛潮，等 . 湿地公园科普宣教体系规划探析：以江西南丰潭湖湿地公园为例 [J] . 江西科学，2019，37（6）：982-988.

[10] 张祖群，卢成钢，吴秋雨，等 . 农业文化遗产的乡村旅游发展报告 [R] // 王金伟，吴志才 . 乡村旅游绿皮书（2022）. 北京：社会科学文献出版社，2022：93-110.

[11] 吴秋雨 . 京西稻农业文化遗产可视化设计 [D] . 北京：北京理工大学，2023：1-87.

作者简介

张祖群 /1980 年生 / 男 / 湖北应城人 / 中国科学院博士后（"优秀"出站）/ 高工、硕导 / 研究方向为文化遗产与艺术设计、遗产旅游等 / 北京理工大学设计与艺术学院

吴秋雨 /1998 年生 / 女 / 四川成都人 / 硕士 / 研究方向为文化遗产与艺术设计等 / 四川大学出版社

王滢 /2001 年生 / 女 / 福建泉州人 / 北京理工大学设计与艺术学院 2023 级硕士生 / 研究方向为文化遗产与艺术设计等

李潘一 /2001 年生 / 女 / 河北唐山人 / 北京理工大学设计与艺术学院 2023 级硕士生 / 研究方向为文化遗产与艺术设计

浙东唐诗之路名山风景区景观特征研究进展述评

Research ProgressLiterature Review on on Landscape Characteristics of Famous Mountain Scenic SpotsAreas on the Road of Tang Poetry in Eastern Zhejiang Province

范颖佳 陆 磊 金荷仙*

Fan Yingjia Lu Lei Jin Hexian

摘 要：浙东唐诗之路作为一条文化线路，其中的名山风景区承载着丰富的自然与人文价值。本研究从"山—路—诗与山"三个维度，通过文献梳理，对浙东唐诗之路名山风景区景观特征的研究进展进行述评：在"山"的层面，聚焦中国古代名山崇拜，当前研究涵盖名山的形成发展、景观理法、风景特质、审美与文化价值等方面，且研究领域逐渐拓展；在"路"的层面，目前多集中于诗路中部分遗产点的历史基因、景观流变、造园意象、规划设计等方面，对于诗路上风景资源的整合分类缺乏系统性优化；在"诗与山"融合层面，诗性名山景观的深度研究尚具广阔空间，当前研究虽已涉及宗教文化、名人文化等方面，但对于其共性与个性问题有待深入探讨，且研究关注度存在差距和不平衡性。最后，基于研究现状提出诗路名山整合研究的重要意义及展望。

关键词：风景园林；浙东唐诗之路；名山风景区；景观特征；研究进展

Abstract: As a cultural route, the road of Tang poetry in eastern Zhejiang has its scenic spots of famous mountains carrying rich natural and cultural values. This study comments on the research progress of the landscape features of the scenic spots of famous mountains along the road of Tang poetry in eastern Zhejiang from the three dimensions of "mountains - roads - poetry and mountains" by combing through literature. 1) On the "mountains" dimension, with a focus on the worship of famous mountains in ancient China, current research covers aspects such as the formation and development of famous mountains, landscape principles, landscape characteristics, aesthetic and cultural values, and the research field is gradually expanding. 2) On the "roads" dimension, it mainly concentrates on the historical genes, landscape changes, gardening imagery and planning design of some heritage sites along the poetry road at present, while lacking systematic optimization for the integration and classification of the scenic resources on the poetry road. 3) On the integration dimension of "poetry and mountains", there is still ample room for in-depth research on the poetic mountain landscapes. Although current research has involved aspects like religious culture and celebrity culture, the commonalities and individualities remain to be explored further, and there are differences and imbalances in research attention.Finally, based on the current research status, the significance and prospects of the integrated research on the famous mountains along the poetry road are put forward.

Key words: landscape architecture; the road of Tang poetry in eastern Zhejiang; scenic spots of famous mountains; landscape characteristics; research progress

　　"身栖山水间，诗情画意浓。"浙东，为浙江东道的简称，指浦阳江以东，括苍山以北至东海这一范围。浙东之地，风景佳丽，人文荟萃，向来为历代士人所艳称[1]。"浙东唐诗之路"概念由竺岳兵先生于1991年提出，学界将"浙东唐诗之路"认定为从（钱塘江）渡江抵越州萧山县（今浙江省杭州市萧山区）西陵（今西兴乡）渡口进入浙东运河到达越州（浙江绍兴），然后沿越中名水剡溪上溯，经剡中到达佛教天台宗发源地和道教圣地台州（州治即今浙江临海）天台山的一条旅游热线。这是由唐代 400 多位诗人用 1500 多首诗词铺成的人文山水走廊[2]。所谓"唐诗之路"，是指对唐诗特色的形成起了载体作用的，具有代表性的一条道路，其具有范围确定性、形态多样性、文化继承性三大要素[3]，是一个时空互为印证的历史文化概念[4]。浙东唐诗之路作为浙江独特的文化符号，是访道探胜、思想寄托的理想之地。根据浙东唐诗之路首倡者竺岳兵主编的《唐诗之路唐诗总集》统计，诗路涉及的景观遗产点一共包括 57 处，其中 28 处为山岳型景观遗产点，约占总景观遗产点的 50%，国家级风景名胜区有 3 处，占浙江省国家级风景名胜区（共计 6 处）的 50%（图 1），富有极高的自然文化价值，是体现"物我交融""天人合一"哲学总纲和审美观念的代表。以名山风景区为切入点，这不仅契合了《建立国家公园体制总体方案》提出的"优化完善自然保护地体系，从而进一步明确风景名胜区的功能和定位"，也是对当下浙江大花园建设行动计划的积极响应，契合全域旅游发展下联动发展的宗旨。

1　"山"：中国古代名山崇拜与国内名山景观研究

　　古代典藏书籍主要阐述的是具有联想性的"名山"。其名山系列既具有神话和崇拜意义，也具有实体山川之

意[5]。苍穹之下，凭灵之际，上古时期盘古开天辟地的神话就说明了山岳在先民心中的特殊地位，山岳崇拜在中华民族落地生根，不断变化交融，成为名山的起源。以中国知网（CNKI）收录的 1985—2022 年 6 月国家级名山风景区相关文献为研究对象，基于 CiteSpace 软件绘制科学知识图谱进行可视化分析，对近 40 年国内名山景观的研究热点以及发展趋势等方面进行探讨。通过关键词聚类统计（图 2）发现，目前对名山风景区的研究主要围绕人文景观、世界遗产、文化景观、景观保护等方面展开；进一步将聚类进行时间图谱分析（图 3），聚类间研究热点存在交叉现象，且人文要素一直是研究的重要关注对象；研究领域从个体山岳的分析开始逐步走向整体，其研究热点也具有灵活性和时效性，与风景名胜区制度、自然保护地体系建立等政策息息相关。

　　周维权先生和谢凝高先生从风景园林学科角度出发，所著的《中国名山风景区》和《名山风景遗产》系统研究了全国各地代表性的名山风景区，是名山景观研究的典范、权威之作。周维权先生在 1996 年所著的《中国名山风景区》中提到，中国名山是历经千年筛选，荟萃众多自然景观，积淀丰厚人文因素，记录古人劳动业绩，蕴含浓厚宗教色彩的瑰宝。谢凝高先生在 1998 年联合国世界遗产中心召开的研讨会中论述了中国名山与中国文化的关系，强调了中国名山是自然与文化的双重遗产。概述了山水美的自然性、时空性、科学性、和谐性和综

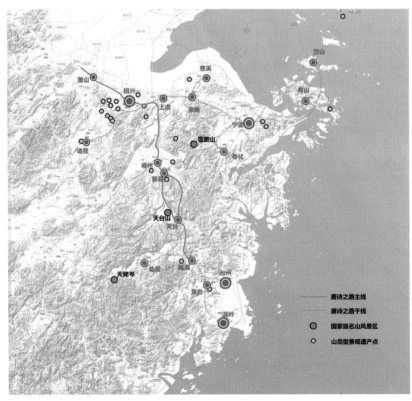

图 1　浙东唐诗之路山岳景观分布

图 2　关键词聚类图

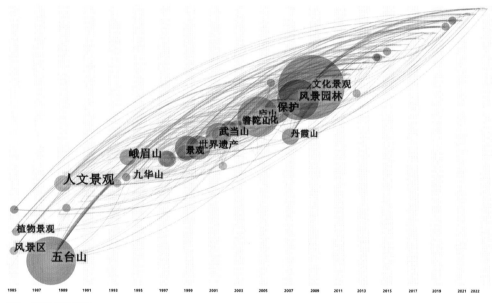

图 3　关键词时间线图

合性，提出了欣赏山水美的三个层次：经验、文化素养、理性。需深入真山真水，求真求质，方能达到由悦形到逸情直至畅神的最高境界[6]。

　　近年来专家对山岳型风景区的研究逐步深入，涌现出众多学者从建筑、规划、风景园林学科着手，从不同角度、切入点不断地丰富和扩展名山风景区相关研究，包括名山形成与发展研究、名山景观理法研究、名山风

景特质研究、名山审美价值研究与名山文化价值研究等。

　　（1）名山形成与发展研究。宋峰对中国传统名山的功能发展历程进行研究，分析了独特名山文化下，建筑遗产与自然景观在精神交流、整体融合、科学选址、保护自然方面的表现[7]。李金路立足多重视角，总结其从神圣山水、君子山水、宗教山水、诗画山水、风景山水的特殊演变路径[8]。苗诗麒、吴会、郑青青、董海娜等

人由大区域逐渐缩小深入，分别对江南、江西、浙江、温州等地开展了洞天福地的纵向景观变迁研究，横向挖掘营建特征，侧面解读人居思想，逐步扩充名山体系分支[9-11]。李慧、赵文杰、韩荣、董享帝、朱远娜等则对个体山岳进行了深入的历史变迁研究，对其名山发展更具针对性与独特性，为后续的合理开发提供参考[12-16]。

（2）名山景观理法研究。杜雁从明旨、问名、立意、相地、布局、理微和余韵等方面解释武当山理法，梳理了道教发展阶段与武当山建设和利用的关系[17]，而后深入剖析了道教名山风景名胜与演变，认为道教名山是承载道教理想、修仙实践、组织发展、传播信仰的根基[18]。潘逸炜以普陀山圣地为个案对象，立足建筑营建布局的空间叙事骨架，揭示了佛教文化与景观空间的交互影响[19]。王逸婷选择岭南道教名山罗浮山展开了宏观、中观、微观层面的分析，多层次阐释不同空间序列与布局[20]。

（3）名山风景特质研究。张天聘首次将风景特质评价应用于名山风景名胜区，通过描述其类型或区域，以确定关键特质，最后绘制武当山的风景特质图[21]。赵烨以武当山为例，提取山水形胜与圣地仙山的人地关联特征，构建了"相-制-理"的名山风景区风景特质理论及其实践框架，总结在形态学、图谱、地脉文脉理论方面的应用前景[22]。胡盛劼以嵩山为研究对象，建立整体性风景特质研究与保护研究框架，进而分析探讨了嵩山风景名胜形成原因、形成的过程与机制、形成结果，最后提出保护建议[23]。

（4）名山审美价值研究。许晓青突破了主体差异性审美价值的单向局限，融入了历时性属性，构建了新的审美价值框架体系，由悦耳、悦目升华为悦志、悦神[24]。许清玉基于许晓青的审美研究框架对千山名山风景区进行验证，分析了千山的历时性和主体性审美价值，由此得出对其的保护建议[25]。唐孝祥归纳了西樵山寄情探理、游观畅神、品景抒意的审美三阶段，从审美内核之中品味"真山水"和"大山水"[26]。

（5）名山文化价值研究。杜爽和韩锋从文化景观视角深度入手，剖析了宗教名山变迁的内在逻辑，通过自然与人的互动、神圣与世俗的交织展示社会、历史、文化的关联[27]，发掘宗教名山蕴藏的传统知识体系和价值观[28]。除此之外，对国外圣地做了大量案例综述，对其起源进行了探讨，以期对我国名山建设提供一定的理论指导[29]。吴会和金荷仙梳理了洞天福地的研究现状，具有多学科的交叉性，但是在地域性及整体性方面有待提升[30]，同时也从文化景观角度出发概括了其物质实体与思想内涵，并总结其对于社会生产的影响[31]。

2 "路"：浙东唐诗之路的研究历史

"剡溪是浙东唐诗之路"最早由竺岳兵先生在1984

年年底提出，而后报刊进行了陆续报道。竺先生明确了诗路的范围和诗路成因，总结了游览和审美方式，并对游览的诗人类型进行分析，主要是著名仕宦、文人、隐士等，或寄情山水，或排忧解闷，或壮志抒意[3]。按类索骥，辑录了唐代诗篇，展示了宝贵的文化遗产。可以说，竺岳兵先生是弘扬诗路文化的奠基人。

目前，对于浙东唐诗之路的研究不断扩展，特别是2018年浙江省批复《浙江省全域旅游发展规划》，编制《浙东唐诗之路黄金旅游带规划》专项规划之后，对诗路的研究成果显著增加。许尚枢从人文历史方面出发，探究诗路的形成渊源，主要包括优越的自然环境和经济条件、便利的交通与丰富的文化，并提出浙东是山水诗的发祥地[32]。林晖总结了诗路整体的兴衰因素，除了自然条件与社会动荡因素，文士漫游之流风的转变也是诗路衰败的原因[33]。胡正武通过实地踏访，较早地对诗路的自然与人文景观做了精要的概括[34]，后续进行了诗路的新线探索[35]，不同于林晖对诗路的整体研究，他将研究聚焦于局部，深入分析总结了台温段诗人诗作断崖式下降与诗人身份、游览方式选择、动乱事件之间的密切联系[36]。肖睿峰对贺知章、刘禹锡等跋涉于诗路的诗人作出了客观的评价，带来的艺术作品为诗路增添了明媚与生动[37-38]。朱曼、傅丽、于秀春、柳伟国等人从文旅融合角度出发，打造旅游IP，开发旅游产品，从而加快全域旅游的诗路带建设[39-42]。刘畅聚焦景观空间新视角，总结空间分布特征，通过MCR等技术评价廊道适应性，为后续布局范围的确定和空间规划提供理论依据[43]。除了以上纵览诗路全局的研究，胡可先、王永祥、马曙明、蒋明、李玲洁等通过对单独的遗产点的深化分析，拓展了诗路的横向研究。

从整体来看，浙东诗路文学和文化领域的研究成果颇丰，但是在风景园林层面涉及的研究相对较少，停留于诗路中部分遗产点的历史基因、景观流变、造园意象、规划设计等，对于诗路上风景资源的整合分类缺乏系统性的优化，同时对实体路径的整体保护和利用也需进一步深入，特别是诗歌文化与景观的渗透性研究方面有待挖掘，在提供景观载体的同时完美诠释诗路内涵还有待进一步提升。

3 "诗"和"山"：诗路上的名山风景区

在CNKI中对三处国家级名山风景区的研究成果进行统计发现，在总体研究层面，佛道名山天台山是三座山中关注度最高的山岳，天姥山、雪窦山依次排列其后。随后进一步通过CiteSpace软件对三座名山的相关文献进行关键词时间图谱绘制分析（图4～图6），图谱展现出各聚类发展演变的历史跨度和研究进程，平行轴线代表了聚类出现的时间与跨度。研究发现，对三座名山的研

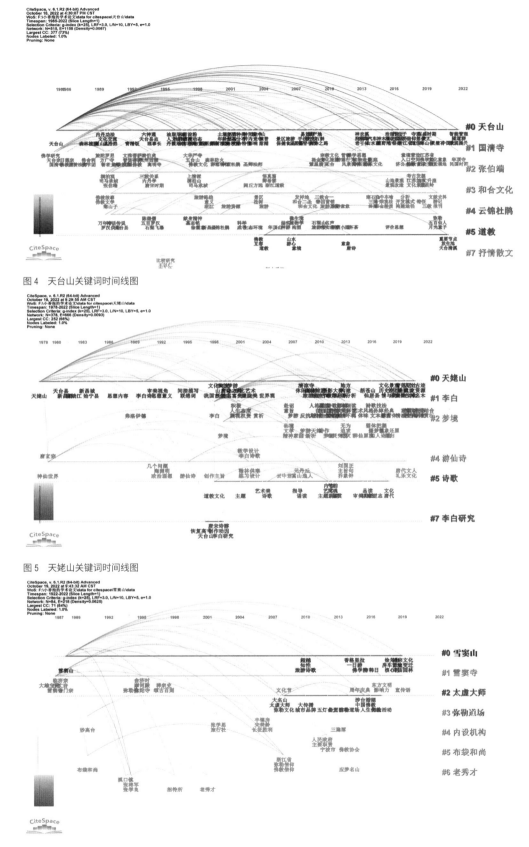

图 4　天台山关键词时间线图

图 5　天姥山关键词时间线图

图 6　雪窦山关键词时间线图

究基本始于 20 世纪 70 年代，早于对浙东唐诗之路的整体研究。通过对关键词内容进行提取与分析，宗教文化一直是研究的热点，而其寺庙建筑又是研究的重中之重，研究整体都是基于人文因素与自然因素耦合而展开的。

　　针对这三处名山风景区的研究：1）天台山：作为天台宗的发源地，国清寺是主要的且较早的研究对象。在 1979 年，葛如亮就对国清寺的相地选址、历史变迁、寺庙环境做了详细的研究；而后任林豪、刘芳、邓磷曦等许多人都进行了不同角度的解析；作为和合文化的重要发祥地，和合文化也增加了天台山的研究热度，徐永恩以和合观念发展为脉络，探讨了与天台山的渊源关系；何善蒙从天台山的文化特质、地域环境、历史变迁角度出发，认为天台山和合文化是基于宗教文化"和合"思想而产生的理论与实践的整体。另外，名人文化、植物资源也受到了较多的研究关注。2）雪窦山：与天台山类似，宗教建筑雪窦寺的研究占据了研究主体，其次作为"中国五大佛教名山"，雪窦山的弥勒信仰、太虚大师创建的人生佛教，对近现代的中国佛教影响深远，使其成为研究的重点之一。3）天姥山：与前两者略有不同，李白的《梦游天姥吟留别》成为天姥山的独特符号，使其对于诗歌文化、名人文化的研究关注度相对于宗教文化略胜一筹，成为多门学科，特别是文学教育研究的核心研究素材。

　　总体看来，三处名山风景区研究深度逐渐由基础转向更深层次，但研究关注度存在一定差距和不平衡性，对于其共性与个性的问题有待深入探讨。天台山和雪窦山的研究更多集中在宗教文化和建筑上，而天姥山则因其与诗歌文化的紧密联系而受到文学领域的特别关注。这些研究不仅反映了各名山的文化特色，也展现了学者们从不同角度对这些文化遗产的深入挖掘和理解。作为唐诗之路上的名山景观，诗性名山景观的发展有待挖掘。

4　总结与展望

　　我国山岳类风景区的研究起步较早，成果较多，研究方向较广泛，具有一定的整体性。研究一般通过古今两个层面科学系统地梳理名山，聚焦于认识与保护、利用与管理名山。不过各名山由于其区位和地位的差异，受人们关注程度和被研究的水平也呈现出较大的差异性；在浙东唐诗之路层面，与我国其他文化遗产相比，浙东唐诗之路在形成诱因、交通模式、游览人群、发展现状等方面都体现了风景资源的特殊性，具有极高的当代价值。通过对名山与诗路研究现状的了解，可以发现唐诗之路上的名山景观具有很大独特性、文学性。将名山与诗路整合研究具有以下四点研究意义：（1）以山道史（名山景观自身层面）：分析三处名山景观的历史变迁，还原浙东唐诗之路中山水情境中佛道双修与玄儒兼容的圣贤情怀，从历史基因出发，补充风景园林视角下的名山景观特征研究，为其自身未来保护与发展方向提供指导与借鉴。（2）串山成线（浙东唐诗之路层面）：通过总结三处名山景观特征，打造诗路名山景观特色品牌，促进点状山岳景观的联动发展，提升区域景观融合，提高文化、美学、生态和经济等价值，发挥名山风景区的优势，提升诗路文化自信。（3）释诗筑山（诗路名山风景区层面）：结合文本挖掘山岳景观信息，构建诗意意象图谱，通过诗来表达景源相互之间的关系，从诗中挖掘名山自然与文化特征，弘扬发展诗性景观意境，从诗性角度探索中国风景名胜区的山岳文化，彰显诗路文化对名山景观的特殊价值，从而形成更加完整的名山景观保护体系，助力风景名胜区妥善地整合纳入我国自然保护地体系。（4）画诗融域（浙江全域发展层面）：根植优秀传统诗文化，用艺术的手段将山岳名胜置入诗路整体之中，从而促进名山景观的可持续发展，与诗性景观相融并进，探索诗意栖居与名山景观之间的可能，使诗画浙江成为名副其实的中国最佳旅游目的地和有较大影响力的国际旅游目的地。

　　当下所提出的自然保护地体系与全域旅游、诗画浙江的概念，重点就在于对诗路上风景资源、社会资源的整合与充分利用。目前，名山风景区与浙东唐诗之路的关联性研究还较脱离，若要落实由诗入境，融合东西方的营造智慧，回归"天人本一"的初衷还需要发挥浙东诗路的资源整合价值，需要在对其展开景观特征分析的基础上，依托名山研究体系弥补其断层，更好地进行诗路名山景观的保护和规划。

参考文献

[1] 竺岳兵 . 唐诗之路唐诗总集 [M]. 北京：中国文史出版社，2003.

[2] 牟健 . 新媒体传播视角下的"浙东唐诗之路"图像传播研究 [J]. 轻纺工业与技术，2020，49（07）：129-130.

[3] 竺岳兵 . 剡溪：唐诗之路 [C] // 唐代文学研究：第六辑 . 桂林：广西师范大学出版社，1996.

[4] 许尚枢 . 寻因觅胜开发"唐诗之路" [C] // 北京中国徐霞客研究会，浙江省徐霞客研究会，绍兴市文化和旅游局 . 徐霞客在浙江·续二——徐霞客与越文化暨中国绍兴旅游文化研讨会论文集，2003：14.

[5] 赵烨 . 基于自然和文化整体性的名山风景特质识别研究 [D]. 武汉：华中农业大学，2019.

［6］谢凝高.山水审美层次初探［J］.中国园林，1993（03）：16-19.

［7］宋峰.中国名山的建筑遗产与其所在环境关系解析［J］.中国园林，2009，25（01）：29-32.

［8］李金路.中国名山风景区的演化［J］.风景园林，2020，27（04）：114-117.

［9］苗诗麒.江南洞天福地景观形成研究［D］.杭州：浙江农林大学，2016.

［10］郑青青.浙江洞天福地景观变迁及特征研究［D］.杭州：浙江农林大学，2021.

［11］董海娜，金荷仙.道教名山胜境的气象景观研究：以温州洞天福地为例［J］.西部人居环境学刊，2022，37（02）：122-126.

［12］赵文杰.南雁荡山风景名胜历史变迁调查研究［D］.杭州：浙江农林大学，2015.

［13］韩荣.中国佛教四大名山旅游比较研究［D］.舟山：浙江海洋学院，2015.

［14］董享帝，欧静，成凯.明清贵阳历史名山梳理及山水观探析［J］.广东园林，2019，41（06）：14-18.

［15］朱远娜，金荷仙.山岳崇拜观念下的仙都名山发展变迁历程探究［J］.中国园林，2022，38（03）：20-25.

［16］李慧，王向荣，王小平.武当山景观格局的历史变迁［J］.中国园林，2014，30（03）：96-100.

［17］杜雁.明代武当山风景名胜理法研究［D］.北京：北京林业大学，2015.

［18］杜雁.道教名山风景名胜肇发和演变析要［J］.中国园林，2016，32（08）：85-92.

［19］潘逸炜.普陀山圣地景观空间叙事及实践［D］.上海：华东理工大学，2020.

［20］王逸婷.罗浮山道教景观空间形态研究［D］.广州：华南理工大学，2021.

［21］张天骋，高翅.武当山风景名胜区五龙宫景区风景特质识别研究［J］.中国园林，2019，35（2）：54-58.

［22］赵烨，高翅.名山风景区风景特质理论体系及其实践：以武当山为例［J］.中国园林，2019，35（10）：107-112.

［23］刘畅.遗产廊道视角下浙东唐诗之路的分布特征与空间规划研究［D］.杭州：浙江大学，2021.

［24］许晓青，杨锐，庄优波.中国名山风景区审美价值识别框架研究［J］.中国园林，2016，32（09）：63-70.

［25］许清玉，张俊玲，王惠聪，等.千山名山风景区历时性审美差异分析以及保护建议［J］.现代园艺，2019（20）：166-168.

［26］唐孝祥，傅俊杰.西樵山风景名胜审美文化特色研究［J］.广东园林，2019，41（03）：61-65.

［27］杜爽.风景名胜区中道教名山文化景观的初探［A］.中国风景园林学会.中国风景园林学会2014年会论文集：上册［C］.中国风景园林学会，2014：4.

［28］杜爽，韩锋.自然的赋值：先秦至西汉宗教名山序列的人文空间构想与实践［J］.中国园林，2018，34（03）：129-135.

［29］杜爽，韩锋.文化景观视角下的国外圣山缘起研究［J］.中国园林，2019，35（05）：122-127.

［30］吴会，金荷仙.洞天福地景观研究现状与分析［J］.南方建筑，2021（01）：58-63.

［31］吴会，金荷仙.从文化景观视野剖析中国"洞天福地"价值［A］.中国风景园林学会.中国风景园林学会2019年会论文集：上册［C］.中国风景园林学会，2019.

［32］许尚枢.寻因觅胜开发诗路［C］//浙江省徐霞客研究会.徐霞客与越文化暨中国绍兴旅游文化研讨会论文汇编.［出版者不详］，2003：13.

［33］林晖.浙东唐诗之路的兴衰原因及当代意义［J］.台州学院学报，2019，41（02）：002.

［34］胡正武.唐诗之路的人文与自然景观［J］.台州师专学报，2002（01）：72-77.

［35］胡正武.浙东唐诗之路新线拓展研究［J］.浙江水利水电学院学报，2021，33（03）：1-6.

［36］胡正武.浙东唐诗之路台温段诗人诗作断崖式下降原因新探［J］.浙江水利水电学院学报，2021，33（05）：1-7.

［37］肖瑞峰.唐诗之路视域中的贺知章［J］.浙江社会科学，2022（02）：151-154.

［38］肖瑞峰.唐诗之路视域中的刘禹锡［J］.河南大学学报（社会科学版），2022，62（01）：98-105.

［39］朱曼.文旅融合视野下"唐诗之路"开发的现状与思考［J］.中国文化馆，2021（01）：143-146.

［40］傅丽.遗产廊道视角下的浙东唐诗之路旅游产品开发研究［J］.工业设计，2021（07）：141-142.

［41］于秀春."浙东唐诗之路"旅游开发背景下绍兴段地名文化保护策略［J］.当代旅游，2021，19（14）：19-22.

［42］柳国伟，赵旎娜.浙东唐诗之路文化IP形塑策略［J］.中国文艺家，2022（01）：187-189.

［43］刘畅.遗产廊道视角下浙东唐诗之路的分布特征与空间规划研究［D］.杭州：浙江大学，2021.

作者简介

范颖佳 /1996 年生 / 女 / 汉族 / 浙江杭州人 / 浙江农林大学风景园林学院在读硕士研究生 / 研究方向为风景园林历史理论与遗产保护

陆磊 /1998 年生 / 男 / 汉族 / 江苏南通人 / 浙江农林大学风景园林学院在读硕士研究生 / 研究方向为风景园林历史理论与遗产保护

金荷仙 /1964 年生 / 女 / 汉族 / 浙江东阳人 / 博士 / 教授、博士生导师 / 研究方向为风景园林历史理论与遗产保护、康复花园、生态修复等 / 浙江农林大学风景园林学院

园林植物在中国传统文化中的意象

The Intention of Garden Plants in Traditional Chinese Culture

乔国栋

Qiao Gguodong

摘　要：对于园林植物的研究，多以植物的形态学、生物学特性或植物栽培技术和植物配植手法加以研究，对于古典园林中植物的文化意象尚没有系统的梳理，以至于对植物文化意象的各种谬解层出不穷，更给所谓的"植物风水"之类的歪理邪说留了可乘之机。对园林植物在传统文化中的意象的梳理对于研究古典园林植物配置原则和手法具有重要的意义。本文从山水比德传统文化思维的阐释入手，结合传统绘画和古典文学中对植物的描绘的解读，初步梳理了部分园林植物在传统文化中的意象，得出园林植物在传统文化中的意象更多地与传统诗词歌赋及绘画所赋予植物的象征意义有关，也与民俗相关的结论。本文对树立正确的传统文化观念有一定参考意义。

关键词：园林植物；山水比德；风水；意象

Abstract: The study of garden plants is often based on their morphology, biological characteristics, cultivation techniques, and planting techniques. However, there has not been a systematic review of the cultural intentions of plants in classical gardens, resulting in various fallacies about plant cultural intentions. This leaves room for the so-called "plant feng shui" and other misconceptions. The sorting out of the intentions of garden plants in traditional culture is of great significance for studying the principles and techniques of plant configuration in classical gardens. This article starts with an explanation of the concept of feng shui and the thinking of landscape comparison, combined with the interpretation of plant descriptions in traditional painting and classical poetry, to preliminarily sort out the intentions of some garden plants in traditional culture. The conclusion is that the intention of garden plants in traditional culture is more related to the symbolic significance of plants given by traditional poetry, songs, and paintings, as well as to folk customs. This article has certain reference significance for establishing correct traditional cultural concepts.

Key words: garden plants; Shanshui Bi De; Fengshui; image

1　所谓"园林植物风水"的迷信及乱象

　　中国古典园林是中华文化的瑰宝，中国园林是由建筑、山水、花木等组合而成的一个综合艺术品，富有诗情画意[1]。园林植物是园林中非常重要的一个构成要素。了解园林中的植物配置除了了解其植物形态、植物学习性等方面的知识外，关于园林植物在传统文化中的意象也是解读园林的一个重要的方面。

　　传统风水理论是研究人和自然如何和谐共存的学问，主要任务是基于光照、运输、灌溉、安全及心理舒适度等因素来进行选址或对一个选址方案进行分析并加以改善的科学。我国传统建筑文化受风水影响比较大。风水环境好的选址一般植物的生长状况都比较好，所以呈现出来的面貌往往是水清而木华。即水体清洁，无污染或盐碱化。植物生长茂盛，开花繁盛。这是植物和风水的关系。

而就单一品种的植物而言，园林植物更多地与传统文化中的寓意或约定俗成的民俗有关。比如中国传统园林中取玉兰、海棠和桂花的谐音寓意"玉堂富贵"等。单一植物与风水并无关系。

但目前由于缺少这方面的研究、阐述和宣讲，特别是普及性的宣讲，导致社会上所谓"植物风水"的奇谈怪论甚嚣尘上。比如有江湖术士风水师把梅花和"倒霉"硬扯在一起，也有人无根据地把广玉兰和"光遇难"牵强地拼凑在一起，也有人说什么庭中不植木，有免"困"之意等。上述观念上的乱象又往往会对适地适树的科学观念造成一定困扰。而这一乱象更大的破坏其实是对传统文化的破坏和对人们思想观念的误导。因而我们需要在园林植物的研究方面，特别是对古典园林植物的研究方面，增加园林植物在传统文化意象方面的研究，进行一些正本清源式的梳理。

2　详解山水比德

园林植物的文化意象源自中国传统文化中的山水比德思维。山水比德中的"比"实际上是中国古典文学中的一种修辞手法，在《诗经》中就有大量的比的修辞手法的应用。

《诗经》中有赋、比、兴三种修辞手法。

朱熹在《诗集传》中说："赋者，敷陈其事而直言之也；比者，以彼物比此物也；兴者，先言他物以引起所咏之词也。"[2]

"比"是为了形象地描述某物而采取的一种修辞手法。比如我们说一个女孩子漂亮，如果只简单说其高个子、白皮肤、大眼睛，其表现力显然是不够的，呈现在读者面前的形象也是模糊不清的。而用"手如柔荑，肤如凝脂，领如蝤蛴，齿如瓠犀，螓首蛾眉"来描写，则其形象显然就丰满多了，也生动多了。

《红楼梦》在"太虚幻境"这一回警幻仙姑出场时就有一段非常精彩的"比"修辞。曹雪芹在《警幻仙姑赋》中写道：

其素若何，春梅绽雪。其洁若何，秋菊披霜。

其静若何，松生空谷。其艳若何，霞映澄塘。

其文若何，龙游曲沼。其神若何，月射寒江。[3]

用"春梅绽雪、秋菊披霜、松生空谷、霞映澄塘、龙游曲沼、月射寒江"这一系列比的手法的运用，就把警幻仙姑在这一仙女的形象生动地呈现了在读者面前。

比这种修辞手法也常用来比喻人的品德，即所谓比德。

比如《易经》豫卦中六二爻的卦辞："阴柔中正，耿介如石，上交不谄，下交不渎。"就是以石头的坚硬的品质比人的刚正的品德。

孔子说"岁寒而知松柏之后凋也"，则是用植物来比喻人的品德。而仁者乐山、智者乐水，则开了用山水来比人的品德的先河。而中国的山水画画论和中国传统山水画的题跋中，用山水来比人的品德的例子比比皆是。山水比德的思维和民间"讨口彩"的风俗的结合则进一步丰富了园林植物在中国传统文化中的意象。

3　植物在中国传统文化中的意象

在山水比德这种传统思维的影响下，造园者在园林植物的应用中，也常常赋予其一定的寓意。最常见的就是在对园林景点的命名中，以植物来点题是古典园林景点命名的常见形式。比如：柳浪闻莺、曲院风荷、荷风四面亭、梧竹幽居、海棠春坞、嘉实亭、远香堂、留听阁、玉兰堂、十八曼陀罗馆、指柏轩等。

下面就若干种园林植物在中国传统文化中的意象作一说明。

3.1　梧竹幽居

拙政园里的"梧竹幽居"是以梧桐和竹子为主题来命名的。梧桐和竹子在民间都有吉祥的意思。《庄子·秋水》中说："南方有鸟，其名为鹓雏，非梧桐不止，非练实不食，非醴泉不饮。"鹓雏在中国传说中是与鸾凤同类的鸟。练实即竹子的果实。因而在民间风俗中，梧桐和竹子都有招凤凰的意思，而梧桐引凤在民间有讨口彩讨吉祥的意思。

实际上，古代文人也常常拿鹓雏来比喻贤才或高贵的人。而"非梧桐不止，非练实不食，非醴泉不饮"又常用来比作君子的高洁和卓尔不群。因而梧桐和竹子的组合在中国传统文化中又常常被用作比君子之德。

图1　梧竹幽居

实际上,在中国传统绘画特别是明代以后的绘画中,也经常会看到梧桐和竹子的组合。比如仇英的《梧竹书堂图》(图2)。

梧桐冠大荫浓,是非常好的庭院遮阴树种,而竹子在清风徐来时随风摇摆,尽显竹韵,自然适合营造舒适的读书环境。但是从另一层意思来看,也未必不是暗示

文人的某种高洁品质,即以梧竹来比君子之德。因为在同时期的唐寅的《山水人物图》(图3)中也能看到梧竹这种组合,可见"梧竹"这种组合在文人心中早已成为一种固定的组合。而由于古代造园家往往同时是诗人或画家,所以造园中出现"梧竹"这种固定搭配也是顺理成章了。

3.2　灞桥折柳

见到柳树,人们第一时间想到的往往是风摆杨柳风姿绰约的形象,但实际上,从《诗经》开始,柳树便与情感有了不可分割的关系。《诗经·采薇》中有"昔我往矣,杨柳依依。今我来思,雨雪霏霏"的句子。实际上是以我来思时的雨雪霏霏来追思当初我去时的"杨柳依依"。短短两句诗,一春一冬的时空转换就寄托了深深的情思。而柳这一形象在历史的长河中,积淀了越来越深厚的情思。

古长安城东出城的地方有条灞河,上面有座灞桥,是离开长安城往东的唯一一条通道,而长安往东是通往中原和江南的唯一通道。灞桥最早可追溯至春秋时期,隋时重修灞桥在其两岸广植杨柳,到唐朝,在灞桥上设立驿站,凡送亲友东去,一般要送到灞桥才分手,并折下桥头的柳枝相赠,久而久之,"灞桥折柳"便成了送别的一个代名词。而折柳相赠这一行为在唐宋以来已经成为一种固定的文化符号,屡见与唐诗和宋词的各大名篇。而众多的文人墨客更是在灞桥留下众多送别的篇章,千百年来让人们念念不忘,魂牵梦萦。

3.3　桃红柳绿

柳树是江南落叶最晚和发芽最早的落叶树,于是柳树也成为最早感知春天信息的一种植物,因而颐和园的知春亭周边遍植柳树。杭州的西湖边有柳浪闻莺,因为

图2　《梧竹书堂图》([明] 仇英)

图3　《山水人物图》([明] 唐寅)

柳浪阵阵、草长莺飞刚好是江南的阳春三月。

西湖苏堤上的植物配植一直是一棵柳树一棵桃，因为柳绿时节桃花刚开，而桃红柳绿刚好呼应了苏堤的春晓。桃红柳绿和间种柳树间种桃也成为苏堤上一道美丽的风景线。

3.4 月到风来

网师园的"月到风来亭"取自邵尧夫的诗句"月到天心处，风来水面时"。如果我们仔细观察会发现，月到风来亭周边的乔木均是针叶树，两棵白皮松、一棵古柏和一棵矮的松树。针叶树的树叶是针状的，像竖在自然界的一根根琴弦，而当风吹过针叶时，就像自然的琴弓拉过自然的琴弦，而古人很早就注意到了这种天籁之音，因而有"松涛"之说。而古代文人对这种风吹过松林的声音有种特别的青睐，因而有万壑松风之说。《临泉高致》中引用沈周是诗句"松风涧水天然调，抱得琴来不用弹"，进一步说明古人对松风涧水这种天籁之声的钟爱。

明代唐寅曾有一幅《山路松声图》画的就是松风涧水，其题跋云："女几山前野路横，松声偏解合泉声。试从静里倾耳听，便觉冲然道气生"。（图4）实际上这种松声和泉声的组合和松风涧水的组合是同一种声景构成。我们从题跋中可以体会到，实际上画家是把这种松风泉水的天籁之声和天地万物的大道之气合而为一的。因而松风涧水也自然成了古代文人画的一个固定主题。

月到风来亭中的月亮是可以看到的，那么风来了怎么去感知呢？一个是靠触觉，风来时可以感觉到凉意；另一个则是靠听。月到风来亭周边遍植针叶树，也正是切合这种松涛阵阵的天籁之声的主题，是古代文人的一大情趣，听松涛阵阵，感冲然道气，达到一种天人合一的审美至境。

3.5 芳草萋萋

传统东方园林中没有草坪的概念，这主要是因为在中国的中原、江南及关中盆地都没有天然的草原景观。北半球的草原景观是在北纬40°到北纬50°特有的一种地貌。因而最早的草坪景观出自西方。中国传统庭院中对草的表述往往是"微花细草"。

在中国传统文化中，草往往与感情或爱情有关。比如唐朝诗人白居易的诗《赋得古原草离别》实际上是用赋得来借古原上的草来吟离别的一首诗。诗歌借一岁一枯荣，野火也烧不尽，春风一来又生发出来的草来暗喻挥之不去的感情。因而诗的结尾是"又送王孙去，萋萋满别情"，可见是借草来吟诵别情的。

再看一首崔颢的《黄鹤楼》："昔人已乘黄鹤去，此地空余黄鹤楼。黄鹤一去不复返，白云千载空悠悠。晴川历历汉阳树，芳草萋萋鹦鹉洲。日暮乡关何处是，

图4　山路松声图（［明］唐寅）

烟波江上使人愁。"此处的"芳草萋萋"恰恰和白居易诗中的"萋萋满别情"是同一个"萋萋"，可见这里也是借用芳草萋萋来寄托对昔人的思念之情。

近代的李叔同曾有一首流传甚广的词，也写到"长亭外，古道边，芳草碧连天"，其实之所以写到芳草，也是和离愁别恨相关。因而我们常说的"天涯何处无芳草"中的芳草也代指情感和爱情。

3.6 暗香浮动

王安石变法以后被罢相回到江宁并建造半山园，而其著名的短诗《梅花》便是在半山园内写就的："墙角数枝梅，凌寒独自开。遥知不是雪，唯有暗香来。"从诗中我们可以很容易地推测出诗中所吟的梅花为白梅。

而王安石真正要表达的意思是，尽管我被罢相了，但是遥远的你就可以感知到我不是雪，不单单是因为凌寒独放，更因为我身上那股文人的淡淡的清香。所以直到20世纪80年代，那时候的书画家开玩笑仍然会说，我已经穷得一无所有了，除了文人的这股清香。而历来，这股清香是文人最值得骄傲的特质。

南宋诗人杜耒曾写过一首《寒夜》："寒夜客来茶当酒，竹炉汤沸火初红。寻常一样窗前月，才有梅花便不同。"寒夜中有客不期而至，来了只能以茶代酒，但是如果只是一般的朋友，焉能不招而至？而且来了以茶当酒也不介意，这必定是至交。而在竹炉煮茶的过程中，已经烘托了一个与外面的寒夜形成鲜明对比的温暖的空间。最美的其实是最后两句，窗前的明月照耀百年千年，太平常了。可是恰恰因为一剪梅影，使其有了画意而与众不同。这不又是在代指寒夜而来的老友吗？因而梅影在中国文人的心目中又有了其超凡脱俗的清韵。林逋有诗"疏

影横斜水清浅，暗香浮动月黄昏"，也是以文人的笔调写出疏影横斜的梅影和梅韵。

孙晓翔先生更是在花港观鱼中把这一横斜的梅影写在了铺装上，可见即便是一代中国现代园林的宗师，其灵感也来自于深厚的中国文化的底蕴。

4　结论

综上所述，风水学理论是研究理想人居环境的传统学问，就植物与风水的关系而言，植物的长势好坏只是人居环境（风水）优劣的一项直观的指标，就具体的个体植物而言与风水无关。园林植物在传统文化中的意象与美术、文学等传统文化和民俗风情相关，本质上是古代文人在长期的审美实践中把自然人化的一个过程，也是把人自然化的一个过程，最终是中国传统文化中天人合一的民族共同心理文化特征的一个反映。

图5　梅影

图6　梅影坡

参考文献

[1] 陈从周. 说园 [M]. 上海：同济大学出版社，2017.

[2] 朱熹. 诗集传 [M]. 清文渊阁四库全书本.

[3] 曹雪芹. 红楼梦 [M]. 北京：中华书局，2020.

作者简介

乔国栋 /1976 年生 / 男 / 内蒙古武川县人 / 高级工程师 / 研究方向为风景园林设计及古典园林美学 / 华东建筑集团

图书在版编目（CIP）数据

中国园林博物馆学刊. 11 / 中国园林博物馆主编.
北京：中国建材工业出版社，2024.12. -- ISBN 978-7-
5160-4259-5

Ⅰ. TU986.1-53

中国国家版本馆CIP数据核字第2024G7D374号

中国园林博物馆学刊 11

ZHONGGUO YUANLIN BOWUGUAN XUEKAN 11

中国园林博物馆　主编

出版发行：中国建材工业出版社
地　　址：北京市西城区白纸坊东街2号院6号楼
邮　　编：100054
经　　销：全国各地新华书店
印　　刷：万卷书坊印刷（天津）有限公司
开　　本：889mm×1194mm　1/16
印　　张：8.25
字　　数：280千字
版　　次：2024年12月第1版
印　　次：2024年12月第1次
定　　价：48.00元